让 Word 成就你，
而不是你迁就它！

Office

讲用法，更讲方法，解决工作中的实际问题

职场 Word
基础课

沈君◎编著

人民邮电出版社

北京

图书在版编目（ＣＩＰ）数据

极简办公：职场Word基础课 / 沈君编著. -- 北京：人民邮电出版社，2020.1（2021.1重印）
ISBN 978-7-115-52257-3

Ⅰ．①极… Ⅱ．①沈… Ⅲ．①办公自动化－应用软件
Ⅳ．①TP317.1

中国版本图书馆CIP数据核字(2019)第238691号

内 容 提 要

本书主要面向职场新人，详细讲解 Word 的使用技巧，并提供配套的视频讲解，帮助职场新人快速掌握工作中所需要的办公技能。

本书是作者多年企业培训经验的精心汇总，直击各行业日常办公中的常见问题，并提出高效解决方案，帮助读者快速理清思路、高效操作、精准汇报，完成工作文档的整理，成为 Word 达人。

◆ 编　著　沈　君
责任编辑　李永涛
责任印制　马振武

◆ 人民邮电出版社出版发行　　北京市丰台区成寿寺路 11 号
邮编　100164　　电子邮件　315@ptpress.com.cn
网址　http://www.ptpress.com.cn
北京瑞禾彩色印刷有限公司印刷

◆ 开本：880×1230　1/32
印张：6.875
字数：231 千字　　　　　　　2020 年 1 月第 1 版
印数：2 501 – 3 100 册　　　　2021 年 1 月北京第 2 次印刷

定价：39.00 元

读者服务热线：(010)81055410　印装质量热线：(010)81055316
反盗版热线：(010)81055315
广告经营许可证：京东市监广登字 20170147 号

很多人都认为 Word 是一个很简单的工具，似乎会打字就可以说自己会用 Word 了。可在真正处理工作事项时，你会发现 Word 的使用频率极高，比如以下 6 个使用场景。

√ 当有一个非常好的创意时，可以用 Word 将它记录下来。

√ 使用 Word 写一封求职信。

√ 将公司的放假通知打印出来贴到门口。

√ 在一次公司会议中打印一份签到表。

√ 起草一份与客户间的合同。

√ 用 Word 制作一份页数较多的产品说明书。

面对用途这么广泛的 Word，在使用时会发现并不是那么简单，也常常会因为操作不熟练而不能达到自己想要的效果。如果编辑 1 个 Word 文档浪费 20 分钟，每天编辑 3 个 Word 文档，那就会浪费整整 1 个小时，每天工作才 8 小时，这可占据了全天工作时间的 1/8。

这时，很多人开始求助于市面上的培训、网络上的视频及一些关于 Word 学习的图书。我与上百位学员和朋友交流后发现，这些培训、视频和图书的内容虽然都是围绕如何使用 Word 的，但是很多其实并没有真正让使用者省力，没有给使用者"减负"，反倒却"增负"了。

经过分析，我发现这些培训、视频和图书大多围绕 "Word 的某个功能是什么，我们该怎么用"。这样围绕 "功能" 的讲解方法虽然简单，但需要受众接受非常多支离破碎的知识，而在职场中真正面对实际问题时，就会出现"学的时候会，用的时候忘"的窘境。

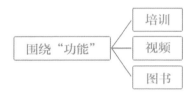

面对市场上这种围绕 "功能" 的培训、视频和图书，我们不禁需要思考：为什么要学习 Word 呢？职场人士使用 Word 的目标是解决工作中的实际问题，从而让自己的职业生涯得到更好的发展。

如果围绕 "功能" 来学习 Word，那么这就变成了 "为了使用 Word 而去学习 Word"，根本没有搞清楚能够用 Word 解决什么实际问题，最终会陷入 "会用 Word，但是不会解决实际问题" 的窘境。毕竟是 "让 Word 来成就你，而不是让你去迁就 Word"。

作为一个认知领域的工作者，我决定解决这个问题，以工作中的"问题"为导向，把 Word 看作是一个工具，使用简单合适的功能来解决工作中的问题。我将数十年的工作经验和培训经验贯穿到本书的案例中，告诉读者如何使用较少的精力来解决问题。

沈 君

01

职场办公的基础——
让别人一目了然的文档有这 5 个要素

02

工作内容的呈现——
文字的优异性从这 3 个方面体现

03

工作成果的突显——
提高文档可信度的 3 个方法

04

文档陷阱的规避——
文档中常见的 5 个误区

05

升职加薪的秘诀——
文档传播的 8 个窍门

184 5.7 纸质打印——将文档自由地打印
185 5.7.1 打印文档中的部分内容供讨论
186 5.7.2 供大家快速浏览，讨论文档的整体排版
188 专栏：用 A4 纸打印出 A3 幅面的文档
192 5.7.3 减少文档纸张数量，用于轻便携带的打印
194 5.7.4 打印供讨论和记录的文档
197 专栏：谁说单面打印机就不能双面打印
199 5.8 文档成册——获得上司和客户好评的文件
199 5.8.1 获得上司的肯定和客户的信赖的文件装订
202 5.8.2 文件要装订，必须要留有“装订线”位置
205 5.8.3 如何让专业文档显得厚重可靠
206 5.8.4 快速给文件分类的方法

06 拿来就用的文档——
工作中常见的 Word 文档是什么样的

210 6.1 同级部门间的函
211 6.2 公司通知
213 6.3 会议签到表
216 6.4 合同
218 6.5 年终总结

01

职场办公的基础
——让别人一目了然的文档有这 5 个要素

Word 能做什么？我们的第一反应是"打字"。既然是"打字"，那为什么不直接用"文本文档"软件？仔细一想才发现 Word 不仅提供打字功能，它还提供文字的加粗、下划线等格式功能，此外，还提供包括图片、形状、表格和图表等多种文字以外的功能。

Word 的这些功能，具体有什么用处？本章就来介绍一下 Word 的作用。

1.1 Word 比你想象的重要得多

Word 并不只是一个软件，它不但可以承载你的思想，还是你与他人"正式交流"的媒介。

1.1.1 Word 是你"思想"的承载工具

在你的脑海中会出现一些想法，这些想法可以是一个创意、一篇日记，甚至是一本书，如果你不把它们记录下来，你可能就会忘记，也更谈不上分享给别人看，因为别人根本不可能读到你大脑里的想法。这时，你就需要有一个工具来承载这些想法，Word 就是一个承载你"思想"的工具。

通过 Word，你可以将虚无缥缈的"思想"变成可视化的"文字"，你可以直接编辑和整理这些文字，从而调整你"思想"的结构。与此同时，你还可以使用图片、表格、图表等手段来充实它，让这些"思想"更加完善。

1.1.2 Word 是你与他人"正式交流"的媒介

Word 除了可以给自己看之外，它还可以打印出来，或在网络中进行传播。它代表了你在某一时刻的"想法"，可能是"公司产品的推广方案"或是"项目合同"。

此时的 Word 已然成为你和他人进行"正式交流"的媒介。你和他人没有直接进行语言谈话，而是通过 Word 文档来表达自己的想法，但是每次交流都会留下"证据"——每次修改后的 Word 文档都会被单独保存下来，不容任何人抵赖。

比如在与第三方公司制定采购合同时，你会先拟定一个初步的合同，把你的想法全部写进其中，然后发给对方，对方在你的初步合同上进行修改，加入自己的想法。经过这样多次修改，双方一致同意后，再进行正式合同的签订。

又比如你是一名产品经理，你把公司产品的使用说明发给同事，经过多人的修改之后定稿，把它打印出来，放到产品的包装里供用户使用。

此时，你是否觉得你小瞧了 Word，发现它在你的工作和生活中是那么重要！

1.1.3 每篇文档都要明确主题

假设你将一份写完的"年终汇报 .doc"文档以邮件的形式发给经理，经理的第一反应并不是打开文件把文件上的文字全部看完，而是先会想"这是谁的年终汇报？我为什么要看这个文件？这个文件的主题是什么呢？"

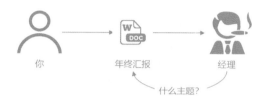

如果将这篇文档的主题作为文件名，设定为"销售部 2020 年全年业绩汇报"，经理就可以一目了然地了解这个文档的主题了。

明确一个文档的主题，除了能够让别人一目了然地了解主题，也能让自己将来一目了然地了解主题。

也许你经常翻开自己以前的文档，然后思考"我当时为什么写这个文件？"这也就意味着，自己当时可以在大脑中很明确地知道这个文档的主题，而过了几个月甚至几年后，你就会把这个文档当作是一个新的文件来看待，那时需要你花费精力去重新解读文档，了解这个文档的主题。

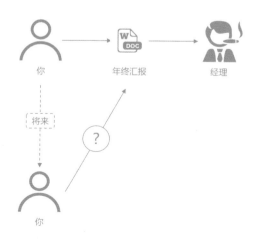

如果在你还明确知道这个文档的主题时，就将主题作为文件名或者文档标题显示出来，那么就可以让自己将来花最少的精力去理解自己现在所写的东西了。

1.2 一目了然的文档有 5 个要素

扫描后观看
视频教程

如果别人在你桌上放了 3 张纸，没有封面，也没有标题，你会怎么做呢？

如果放这 3 张纸的人是你上司，你不得不耐心看完，但心里可能会一直嘀咕"我已经这么忙了，为什么还要浪费我的时间？"如果放这 3 张纸的人是你的同事，通常你不会为了寻找他的意图而把这 3 张纸看完，你会直接问他这是什么东西。如果放这 3 张纸的人是你的下属，你甚至会训斥他一顿，认为他工作不力，在浪费你的时间。

不管什么情况，都证明了：一个文档如果无法让人一目了然地看到它的主题，那么它将会阻碍工作的正常开展。

什么叫作"一目了然"呢？一目了然就是让解读文档的人可以"一眼"了解文档的主题，而如何做到"一眼"呢？一个文档会有两个状态，一个是直接在电脑或手机中查看的电子版，一个是打印出来的纸质版。

```
W        ┌─ 电子版
DOC ─一目了然─┤
         └─ 纸质版
```

如果是电子版的文档，解读文档的人第一眼就是看文件名，也就是说，电子版的文档要在文件名中明确显示文档的主题。如果是纸质版的文档，解读文档的人第一眼就是看文档的第一页，也就是纸质版的文档在文档第一页就要明确显示文档的主题。

1.2.1　4 个口诀，让你的文件名一目了然

　　主题必须要出现在 Word 文档的文件名中，那么一个完整的文件名会有哪些元素呢？除了主题以外，还可以出现 4 个要素：作者、时效、完成时间和人群。这 4 个要素是可选项，不一定要全部出现。

　　作者，署名可以让阅读文件的人清楚地知道这是谁做的，为自己的工作做版权保护，防止别人夺取自己的劳动果实。

　　时效，用于定义文件的生命周期。"2020 年工作小结"会比"工作小结"更能体现文件的时效。

　　完成时间，可以明确文件的修改日期，有助于推演同一文件各个修改版本之间的前后顺序。

　　人群，有助于明确同一文档不同人群之间的区分。

　　在日常工作中，往往注重主题却忽略了作者、时效、完成时间和人群。我们来看一些文件名，就能了解在哪些情况下需要这些要素，而哪些情况下可以省略，甚至还可以归纳出命名一个一目了然的文件名的 4 个口诀。

案例 1

这是一个常见的文件名，它由时效、作者和主题组成。这个看似合格的文件名，却还存在着一个问题。工作小结并不只有沈君一个人，会有多个同主题、同时效的文件，只有作者是不同的，但是它却被埋没在相同的时效、主题中，如下图所示。

如果改成以下方式，则会更好。

时效、作者和主题这 3 个元素没有变，只是将作者这个不同项放到了最前面，如果多个文件放在一起时，就可以很容易地区分多个文件。

这就是文件名命名的第 1 个口诀：不同项放前。

案例 2

销售部2020年业绩汇报

作者　时效　主题

在这个文件名中，没有出现作者个人的名字，而是用"销售部"来取代。因为在这个文件名中，部门比个人更能凸显主题，所以在文件名中选择更大的组织而不是个人。

这就是文件名命名的第 2 个口诀：要大不要小。

案例 3

A产品说明2020-03-15

主题　完成时间

在这个案例中，文件名中含有完成时间。由于"A 产品说明"会出现不同版本的情况，为了能够快速区分，可以将完成时间放到文件名最后。

A产品说明2020-03-07
A产品说明2020-03-10
A产品说明2020-03-12
A产品说明2020-03-15

当碰到在同一天里出现多个版本的情况该怎么办呢？可以使用在完成时间后面加上数字的方法来区分。

A产品说明2020-03-15（03）

主题　完成时间（版本数）

这样在不用额外解释的情况下就能让别人看懂，这是在 2020 年 3 月 15 日完成的 A 产品说明，并且是当天的第 3 稿。

A产品说明2020-03-10
A产品说明2020-03-12
A产品说明2020-03-15（01）
A产品说明2020-03-15（02）
A产品说明2020-03-15（03）

这就是文件名命名的第 3 个口诀：多版本要时间。

案例 4

在这个案例中，"公司简介"这一个主题针对查看人群有多个版本：内部版和外部版。在文件名中直接将"人群"标注出来，有助于文件的管理，不会出现将"内部版"的文件给外部人士看到的情况。

这就是文件名命名的第 4 个口诀：标注分人群。

综上所述，一个一目了然的文件名可以有 5 个要素。

命名的 4 个口诀：不同项放前、要大不要小、多版本要时间、标注分人群。

1.2.2 文档有两种情况不需要封面

扫描后观看
视频教程

在对文档进行打印时，电子版的文件名无法显示，为了做到文档的一目了然，需要在第一页就明确显示文档的主题。

文档的第一页是什么呢？通常有 2 种情况：第 1 种是封面，第 2 种是正文。也就是说，封面并不是所有文档必需的。什么情况下不需要封面呢？

如果一个 Word 文档不会被打印，那么就不要制作封面。因为文档的主题已经在文件名中体现了，没有必要再次重复。而且当读者打开一个文件名已经很清楚的文件时，第一页的封面和文件名完全一样，他需要滚动鼠标才能看到自己想要的正文信息，这样对读者是不友好的。

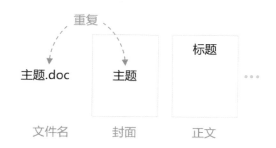

其次，打印不超过 5 页的文件也不需要封面。假设一篇文档只有 5 页，加上封面就只有 6 页，明显有凑页数的嫌疑，而且会给读者非常不好的印象：这篇文档头重脚轻，没有实质性的内容。

也就是说，当文件需要打印且页数超过 5 页时，则需要给文件制作一个封面。

1.2.3 快速制作一个一目了然的封面

如果文档中有封面，那么作为文档的第一页，如何能够让封面一目了然呢？

封面与文件名一样，需要体现主题，并有 4 个可选要素。

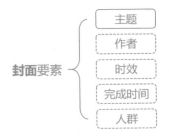

文件名通过输入文字就可以完成，而封面有整个页面可以设计和布局，在封面中除了文字之外，还可以有图片、图形和图表等。可是大部分人并不是设计出身，也没有学过构图，更不会配色，因此往往做出来的封面不尽如人意。

如何能够使用 Word 做出一个专业的封面呢？比如制作本书案例的封面。

Word 中提供了许多内置模板，新建一个文档，然后单击【插入】选项卡的【封面】按钮，在打开的菜单中选择【离子（浅色）】。

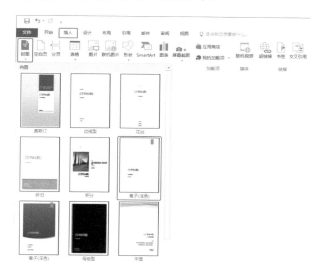

　　然后相应的位置填写标题、副标题、作者和完成时间，其中标题和副标题反应的都是主题。

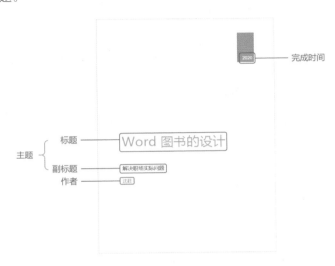

　　如果不需要完成时间或者副标题，也可以直接删除。

　　Word 提供了 16 种封面，而本书推荐使用这 6 种：【边线型】【花丝】【离子（浅色）】【切片（浅色）】【丝状】和【信号灯】。

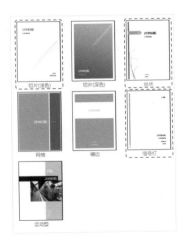

为什么不推荐其他的样式呢？第一，职场中通常都是黑白打印机，其他的样式有背景色，打印时都呈现为灰色，并不美观。第二，封面在打印时会在四周有边距，灰色的区域加上四周的白色边距，会显得特别突兀。而本书推荐的这 6 种封面没有背景色，不会出现以上情况。

⑥ 专栏：自己制作简易封面的 3 个注意事项

如果你并不喜欢内置的封面，可以自己制作一个封面。但还是要包含文档的主题和可选的 4 个要素，如下图所示。

扫 描 后 观 看
视 频 教 程

Word 图书的设计

——解决职场实际问题

沈君　2020 年 3 月 15 日

自制封面通常有以下 3 点注意事项。

（1）封面文字不能超过 3 行。

封面的目的是让读者能够通过简洁的页面快速了解此文档的重要信息，如果行数太多，那就与正文没有什么区别了。

（2）标题不能换行。

标题中包含了整个文档的主题，如果文字换行，会导致文档不能一目了然地进行解读。

（3）非主要信息使用浅色。

对于作者和完成时间来说，它们在封面中是必要的，但与标题相比，它们并不重要。为了能够让用户更加易读，将作者和完成时间设置为浅色是较为合理的方法。

专栏：快速新建一页空白页

当新建完一个自制封面时，需要在文档中新建一页空白页，用来开启文档的正文。职场人士常用的方法就是使用多个"Enter"的办法来到第 2 页。

扫描后观看
视频教程

这样的方法虽然简单，却有两个问题。

（1）"Enter"太多，效率太低。

（2）一旦前文行数发生变化，后文将会被改变。

这样会增加职场人士的工作量，比较好的解决方案就是采用"新建一页"的方法。如何快速操作呢？

将光标停留在自制封面的结尾，然后在键盘上按下【Ctrl+Enter】组合键。

此时，文档就快速新建一页，不但省去了很多"Enter"的麻烦，而且还将前后文档脱离，即使前文的行数发生改变，也不会影响后文的排版。

1.2.4 3 步搞定一目了然的标题

如果文档不超过 5 页，则没有封面，那就需要通过正文的标题来让文档一目了然。

标题中如果包含了所有一目了然的 5 个要素（主题、作者、时效、完成时间和人群）的话，会显得比较冗长，通常会将作者、时效、完成时间和人群作为副标题或者落款来显示。

那么，一个一目了然的标题该如何设计呢？对比以下两个标题就可以发现，右侧的标题更加能够突出主题。

一个一目了然的标题制作只需要 3 个步骤：微软雅黑、文字居中和调大字号。

首先是字体要求，不需要浪费时间去寻找哪种字体好看，否则只是花费大量的精力放在了微乎其微的事情上。本书推荐两种中文字体：微软雅黑和宋体。

为什么推荐这两种字体呢？首先从读者的角度来说，在一篇文档中不能超过两种字体，不然就会感觉文字混乱。微软雅黑可以让人感觉突出，而宋体在长时间阅读时不会让人感觉很累。

所以对于字体来说，标题只需要使用微软雅黑这一种字体就行了，文档的正文则使用宋体。

如何设置文字的字体呢？选中标题文字，在【开始】选项中，单击字体的下拉菜单，选择【微软雅黑】。

设置完字体后，就需要将标题设置为水平居中，这样符合读者对文档的阅读习惯。选择标题，然后单击【居中】按钮即可。

设置的最后一步，就是标题字体大小，字体多大才合适呢？对于标题字体的大小没有统一的规定，从用户舒适的角度来说，标题字体要比正文的字体略大，所以在【小四】至【三号】之间即可。但还有一个重要的准则：标题建议不要换行。如果标题字体过大，就会导致标题换行，所以尽量使用合适的字体大小让它显示在一行内。如何设置文字的大小呢？选中标题后，单击【增大字体】按钮若干次。

标题的颜色是否需要设置呢？完全不需要。颜色设置的目的是为了突出文字，而标题已经居中显示，并且使用了微软雅黑与文档形成差异，此时再通过颜色来突出标题，属于画蛇添足。而且 Word 文档大都使用黑白打印，不管什么色彩，最终都变成了"灰色"，何必浪费精力呢？

所以，标题设置可以归纳为 3 个步骤：微软雅黑、文本居中和调大字号。

🔒 专栏：如何在系统中安装字体

"微软雅黑"作为常用字体，从 Windows 7 版本就已经作为系统内置字体，无须安装，所以操作系统为 Windows 7、 Windows 8 和 Windows 10 的用户就不需要再安装字体了。

扫描后观看
视频教程

而仍在使用 Windows XP 操作系统的用户如何安装"微软雅黑"字体呢？安装字体并不复杂，它的原理就是把字体文件放到系统文件夹中。

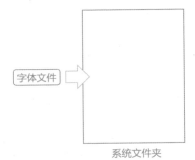

系统文件夹

在操作系统中单击【开始】按钮，打开控制面板，并双击"字体"文件夹。

复制下载好的"微软雅黑 .ttf"文件，然后粘贴到这个文件夹中。

此时，操作系统中就安装了"微软雅黑"字体。

1.2.5 在落款中插入当前时间

在落款中，都会有此文档的时间，如果我们手动输入时间，不

扫插后观看
视频教程

但麻烦，而且还容易出现错误。较为常用的方法就是让 Word 插入系统当前时间。

单击【插入】选项卡，在靠右侧位置单击【日期和时间】按钮。

在弹出的对话框中选择第二栏的日期格式，单击【确定】按钮。通常不勾选【自动更新】复选框，因为自动更新之后会导致每次打开文件就显示当前系统时间，覆盖了文件真正的制作日期。

完成后的文档如下图所示。

Word 图书的设计思路

沈君

2020 年 3 月 15 日

本章介绍的是职场办公的基础，不管是电子版还是纸质版的文档，都能够使它一目了然。下一章将介绍为文档填充正文。

02

工作内容的呈现
——文字的优异性从这 3 个方面体现

职场人士每天都会做很多工作，但是到了年底写年终总结时，却犯了愁："我这一年都干了什么？"辛苦了一年，到头来什么都不记得，那么如何能够让自己的工作内容不被自己忘记，也不被别人忘记呢？较为简单的方法就是尽可能地用文字记录所有的工作，抓住一切可以汇报和交流的机会向别人呈现自己的工作内容。虽然你记忆中的事件慢慢被忘却，但是 Word 文档中的文字却一直存在。

文档中文字的优异性从 3 个方面体现：快速输入文字、格式易于阅读和突出文档重点。

2.1 在文档中快速输入文字

一篇文档中的文字从哪里来？除了可以通过人工输入外，还可以复制别人的文档或者网络中的文字。

而在处理这 3 种来源的文字时，会碰到几个问题：如何快速输入文字？从网络和文档中复制的文字怎么去除格式？别人的文档如何变成自己的文档？

2.1.1 到底需不需要学五笔输入法

如何快速输入文字？职场人士通常都会通过键盘来输入文字，而现在有一种更快的方式来输入大段文字：语音输入。语音输入的优势就是在输入大段文字时，处理速度快，但是在办公室中使用语音输入会影响其他人工作。

所以，在实际工作中仍以键盘输入为主。以键盘输入文字，你会在脑中浮现出很多输入法，其中有两种输入法较为普遍：一种是拼音输入法，另一种是五笔输入法。两者各有优缺点，以下从学习时间和打字速度两个方面对它们进行比较。比较结果如下页表所示。

比较 输入法	学习时间	打字速度
拼音输入法	易上手，学习时间短	打字较慢
五笔输入法	背字根，学习时间长	打字较快

在我与上千名职场人士的交流中，除了从事现场记录工作的人员会使用五笔输入法外，其他人普遍会向我咨询一个问题："我需要学五笔输入法吗？"

如果单从拼音输入法和五笔输入法两者的对比来说，你很难选择是否需要学五笔输入法；如果从自己的精力投资回报率来说，你就会很快做出决定了。

什么是精力投资回报率？这是我"发明"的一个词语，投资回报率是通过投资而返回的价值，比如年初投资了 1 000 元的理财产品，年末有 100 元的收益，那么投资回报率是收益 / 投资，结果是 10%。精力投资回报率计算的不是金钱，而是自己的精力，也就是现在在你面前有很多事可以做，每件事对你的工作都有帮助，只是回报率不同。比如以下表格。

精力 事件	精力投资	精力投资收益
学习五笔输入法	背字根，学习时间长	提高打字速度
学习数据分析	时间长	提高分析能力，有助于升职
学习职场礼仪	学习时间较短	有助于职场交流
学习心理学	学习时间很长	了解身边人的想法
提升本职工作专业知识	学习时间长	了解本职工作内容，有助于升职

精力投资回报率是精力投资收益 / 精力投资。它代表着你现在做的事情能给你带来多大的收益。不可否认每件事都会给你带来收益，但你的精力有限，不能每件事都做。书写你自己的精力投资回报率表格，然后选择精力投资回报率较高的一项或几项来做，这时你就会发现，学习五笔输入法的精力投资回报率较低。

2.1.2 从网络和文档中复制的文字怎么去除格式

扫描后观看
视频教程

除了自己手动输入文字外，从网络或者其他已有文档中复制文字
是快速输入文字的一个简便方法，比如在做产品汇报时，需要复制产
品的属性特征文字；在做年终总结时，需要复制网络上的一些精彩言论。
在复制文字到 Word 文档的过程中，系统会带上原有文本的格式，比如字体大小、颜
色，甚至行距也会一起复制过来，如下图所示。

> 很多人都认为 WORD 是一个很简单的工具，似乎会打字就可以说自己会用 WORD 了。可在
> 使用 WORD 真正处理工作事项时，你会发现的使用频率极高，比如以下 6 个使用场景：当
> 有一个非常好的创意时，可以将它用 WORD 记录下来；也能使用 WORD 打一封求职信；也
> 可能是将公司的放假通知打印出来贴到门口；或者需要在一次公司会议中打一份签到表；也
> 可能是起草一份与客户间的合同；甚至用 WORD 制作一份页数较多的产品说明书。
>
> 面对这么用途广泛的 WORD，在使用时发现它并不是那么简单，常常会因为不熟练而不能
> 达到自己想要的效果，如果一个 WORD 文档浪费 20 分钟，每天使用 3 次 WORD，那就是
> 整整一个小时的时间，每天工作才 8 小时，这已占据了全天工作的 1/8。
>
> 这时，很多人开始求助于市面上的培训班、网络上的视频以及一些关于"WORD"学习的书
> 籍。但根据我与上百位的学员和朋友交流后发现，这些培训班、视频和书籍虽然都是围绕
> WORD，但是却没有真正让工作省力，没有给他们"减负"，反倒却"增负"了。
>
> 经过分析，发现培训、视频和书籍大都是围绕："WORD 的这个功能是什么，我们该怎么用"，
> 这样围绕"功能"的讲解方法虽然简单，但最要受众接受是支离破碎的知识，而在职场
> 中真正面对实际问题时，就会出现"学的时候会，用的时候忘"的尴尬。
>
> 面对市场上这样围绕"功能"的培训、视频和书籍，我们不禁需要思考"为什么要学习 WORD"
> 呢？职场人士使用 WORD 的目标是解决工作中的实际问题，从而让自己的职业得到发展，
> 可以升职加薪。
>
> 如果围绕"功能"来学习 WORD，那么这就变成了为了使
> 用 WORD 的而去学习"WORD"，根本没有搞清楚能够用
> WORD 解决什么实际问题，最终会形成"会用 WORD，但
> 是不会解决实际问题"的窘境。毕竟是"让 WORD 来成就
> 你，而不是让你去迁就 WORD"。
>
> 作为一个认知领域的专家，找决定解决这个问题，以工作中的"问题"为导向，使用简单
> 合适的功能来解决工作中的问题，而把 WORD 看作是这些解决方案中的一个工具。将我数
> 十年的工作经验和培训经验贯穿到本书的案例中，告诉你如何使用最少的精力来解决工作
> 问题，帮助你的职业生涯发展。

这如果不经修改，很容易就被人看出来是复制的，以往你会一一去修改字体设
置、颜色设置、段落设置和行距设置等，为的就是能够去除这些文字的格式，而这
样做非常浪费时间和精力。

Word 提供了一种快速去除格式的功能——无格式粘贴。它可以在文字被粘贴
时就去除所有的格式，比如上图，使用"无格式粘贴"后，结果如下页图所示。
Word 去除了所有的文字颜色、首行缩进和超链接等格式。

很多人都认为 WORD 是一个很简单的工具，似乎会打字就可以说自己会用 WORD 了。可在使用 WORD 真正处理工作事项时，你会发现的使用频率极高，比如以下 6 个使用场景：当有一个非常好的创意时，可以将它用 WORD 记录下来；也能使用 WORD 打一封求职信；也可能是将公司的放假通知打印出来贴到门口；或者需要在一次公司会议中打一份签到表；也可能是起草一份与客户间的合同；甚至用 WORD 制作一份页数较多的产品说明书。

面对这么用途广泛的 WORD，在使用时发现它并不是那么简单，常常会因为不熟练而不能达到自己想要的效果，如果一个 WORD 文档浪费 20 分钟，每天使用 3 次 WORD，那就是整整一个小时的时间，每天工作才 8 小时，这可占据了全天工作的 1/8。

这时，很多人开始求助于市面上的培训班、网络上的视频以及一些关于"WORD"学习的书籍。但根据我与上百位的学员和朋友交流后发现，这些培训班、视频和书籍虽然都是围绕 WORD，但是却没有真正让工作省力，没有给他们"减负"，反倒却"增负"了。

经过分析，发现培训、视频和书籍大都围绕："WORD 的这个功能是什么，我们该怎么用"。这样围绕"功能"的讲解方法虽然简单，但需要受众接受那么多的支离破碎的知识，而在职场中真正面对实际问题时，就会出现"学的时候会，用的时候忘"的境地。

面对市场上这样围绕"功能"的培训、视频和书籍，我们不禁需要想来："为什么要学习 WORD"呢？职场人士使用 WORD 的目标是解决工作中的实际问题，从而让自己的职业得到发展，可以升职加薪。

如果围绕"功能"来学习 WORD，那么这就变成了"为了使用 WORD 的去学习 WORD"，根本没有搞清楚能够用 WORD 解决什么实际问题，最终会形成"会用 WORD，但是不会解决实际问题"的窘境。毕竟是"让 WORD 来成就你"，而不是"让你去迁就 WORD"。

作为一个认知领域的专家，我决定解决这个问题，以工作中的"问题"为导向，使用简单合适的功能来解决工作中的问题，而把 WORD 看作是这些解决方案中的一个工具。将我数十年的工作经验和培训经验贯穿到本书的案例中，告诉你如何使用最少的精力来解决工作问题，帮助你的职业生涯发展。

　　如何操作呢？打开"案例文字 .docx"文档，全选并复制文字，然后打开"案例 .docx"文档，光标停留在标题和落款之间，单击【开始】选项卡中【粘贴】按钮的下拉箭头，单击【无格式粘贴】按钮即可。

　　"无格式粘贴"功能可以大大简化工作中需要去除格式的操作。

🔒 专栏：Word 里的五大必备快捷键

在 Word 文档的操作过程中，有 5 个常用操作，分别是全选、复制、剪切、粘贴和撤销。

在文档中全选文字，一般需要通过拖曳鼠标来实现，或通过【Ctrl+A】组合键实现。

扫 描 后 观 看
视 频 教 程

复制是文档中的常用操作，如果通过单击鼠标右键选择【复制】，则需要单击鼠标两次。

如果使用组合键【Ctrl+C】，则不需要单击鼠标，只通过键盘就可快速完成复制。

剪切与复制相同，如果通过单击鼠标右键并选择【剪切】，则需要单击鼠标两次。

如果使用组合键【Ctrl+X】，则不需要单击鼠标，只通过键盘就可快速完成剪切。

在复制或剪切后，需要将操作的内容进行粘贴，Word 提供了多种粘贴的方式，较为常用的就是"保留源格式"的粘贴。如果通过单击鼠标右键进行粘贴，则需要单击鼠标两次。

如果使用组合键【Ctrl+V】，则不需要单击鼠标，只通过键盘就可快速完成粘贴。

撤销就是 Word 软件中的"后悔药"，它可以退回到上一步操作，甚至更久之前的操作，可以通过单击界面左上方快速访问工具栏的【撤销】按钮来进行撤销，但是这样需要移动鼠标。

如果使用组合键【Ctrl+Z】，则不需要移动鼠标，只通过键盘就可快速完成撤销。

Word 文档的 5 个常用操作，全选、复制、剪切、粘贴和撤销，都可以通过组合键来完成。

2.1.3 把别人的文档变成自己的文档

当从网络或者其他人的文档中复制文字到自己的文档中时，会出现其他人的姓名、职位、公司、地址或者专业术语等。比如从网络中复制了一篇年终总结，但主人公的姓名是"张三"，需要它全部改成自己的名字。

如果一个个去查找和修改，会导致遗漏。而 Word 软件则提供了整篇文档"全部替换"的功能。比如在本书案例中，需要将"Word"文字替换为"WORD"。

单击【开始】选项卡中的【替换】按钮。

在弹出的对话框【替换】选项卡中，在【查找内容】栏中输入"Word"，【替换为】栏中输入"WORD"，然后单击【全部替换】按钮即可。

至此，文档中所有的文字内容都已经整理完毕了，接下来就是要给这些文字调整格式了。

2.2 5 个步骤让文档的格式易于阅读

文字是一种通过视觉呈现来描述的方式，你在说话的时候可以有停顿、调整语调、加快和放慢语速等，为的就是让别人听得舒适。

扫描后观看
视频教程

　　文字不是听的，而是看的，它不可以停顿、不可以调整语调和语速，那么文字如何能够让别人阅读起来不累呢？可以通过调整字体、字号、行距、段落间距和首行缩进这 5 个步骤让文档易于阅读，让看文档的人感觉到舒适。

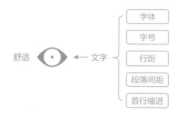

　　在本书案例中，需要将原本难以阅读的文档格式调整如下。

Word 图书的设计思路

　　很多人都认为 WORD 是一个很简单的工具，似乎会打字就可以说自己会用 WORD 了。可是使用 WORD 真正处理工作事项时，你会发现的使用频率极高，比如以下 6 个使用场景：当有一个非常好的创意时，可以将它用 WORD 记录下来；也能使用 WORD 打一封求职信；也可能是将公司的放假通知打印出来贴到门口；或者需要在一次公司会议中打一份签到表；也可能是起草一份与客户间的合同；甚至用 WORD 制作一份页数较多的产品说明书。

　　面对这么用途广泛的 WORD，在使用时发现它并不是那么简单，常常会因为不熟练而不能达到自己想要的效果，如是一个 WORD 文档浪费 20 分钟，每天使用 3 次 WORD，那就是整整一个小时的时间，每天工作才 8 小时，这可占据了全天工作的 1/8。

　　这时，很多人开始求助于市面上的培训班、网络上的视频以及一些关于"WORD"学习的书籍，但根据我与上百位的学员和朋友交流后发现，这些培训班、视频和书籍虽然都是围绕 WORD，但是却没有真正让工作省力，没有给他们"减负"，反倒却"增负"了。

　　经过分析，发现培训、视频和书籍大都围绕，"WORD 的这个功能是什么，我们该怎么用"。这样围绕"功能"的讲解方法虽然简单，但需要受众接受那么多的支离破碎的知识，而在职场中真正面对实际问题时，就会出现"学的时候会，用的时候忘"的困境。

　　面对市场上这样围绕"功能"的培训、视频和书籍，我们不禁重新思考，"为什么要学习 WORD"呢？职场人士使用 WORD 的目标是解决工作中的实际问题，从而让自己的职业得到发展。

　　如果围绕"功能"来学习 WORD，那么这就变成了"为了使用 WORD 的而去学习 WORD"，根本没有搞清楚能够用 WORD 解决什么实际问题，最终会形成"会用 WORD，但是不会解决实际问题"的窘境。毕竟是 "让 WORD 来成就你，而不是让你去迁就 WORD"。

　　作为一个认知领域的专家，我决定解决这个问题，以工作中的"问题"为导向，使用简单合适的功能来解决工作中的问题，而把 WORD 看作是这些解决方案中的一个工具。我将把数十年的工作经验和培训经验贯穿到本书的案例中，告诉你如何使用最少的精力来解决工作问题，帮助你的职业生涯发展。

沈君
2020 年 3 月 15 日

2.2.1 微软雅黑不能用作正文字体

扫描后观看
视频教程

在上一章中，将标题设置为微软雅黑字体，它作为非衬线字体[1]的代表，可以起到"刺激视觉"的作用，让人感觉突出。而作为拥有大量文字的正文来说，使用微软雅黑后，会频繁地"刺激视觉"，导致视觉疲劳。

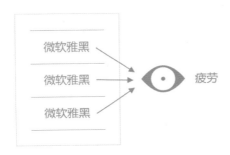

宋体作为衬线字体[2]的代表，并不会像微软雅黑那样"刺激视觉"。在长时间阅读下，它也让读者感觉不累，这也是报纸、杂志和论文等都还在继续沿用宋体的原因。

如何设置正文字体为宋体呢？选中文档正文，然后在【开始】选项卡中选择【宋体】。

当这样设置后，正文部分的中文和英文都变成了宋体，而英文的宋体并不美观，通常都会将英文字体设置为【Times New Roman】。如何将文档的正文文字分成两个部分，中文设置为【宋体】，而英文设置为【Times New Roman】呢？

---

1 非衬线字体是所有笔画粗细一致，并且在笔画的开始和结束处没有额外的修饰线条。
2 衬线体的笔画在开始和结束处有额外的修饰，并且笔画横竖粗细不一。

单击【开始】选项卡中的【字体设置】按钮。

在弹出的窗口中，西文字体设置为【Times New Roman】，最后单击【确定】按钮。

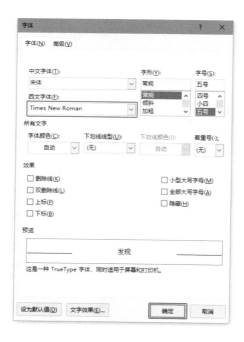

2.2.2 舒适的字号大小为"五号"或"11"

设置完文档的字体后，接下来就是设置文字的字号了，除了有特殊规定的文档格式外，在职场办公中设置字体的要求就是能够舒适地进行长时间阅读。

扫描后观看
视频教程

Word 提供了许多种字号可供选择，有"文字型"和"数字型"两种。"文字型"的字号如"一号""四号"和"五号"等，数字越小，字就越大。

而"数字型"的字号如"5""9.5"和"11"等，数字越大，字就越大。

而能够让读者舒适地进行长时间阅读的字号大小为"五号"和"11"。"五号"和"10.5"的大小是一样的。

比如，需要将案例中的正文部分字号修改为"11"。选中文档正文部分，然后单击【开始】选项卡，将字号选择设置为【11】即可。

2.2.3 行距为"1.2 倍"，段落间距前后各"0.5 行"

设置完字体和字号后，文档的正文仍然看上去文字较多，不易于阅读。在"说"大段的语言时，会通过放慢语速和停顿来让"听"大段语言的人感到舒适。而对于文字来说，可以通过"行距"来放慢文字的阅读速度，通过"段落间距"来让每个段落之间可以停顿一下。

扫描后观看
视频教程

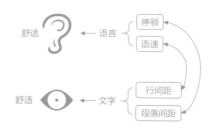

根据阅读的舒适性，通常会将"行距"设置为"1.2 倍"，而"段落间距"设置段前、段后各"0.5 行"。

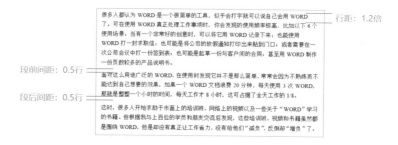

如何设置呢？单击【开始】选项卡中的【段落设置】按钮。

在弹出的对话框中，将段前、段后间距都设置为【0.5 行】，【行距】设置无须选择，【设置值】处直接输入【1.2】，【行距】即会自动选择【多倍行距】，最后单击【确定】按钮。

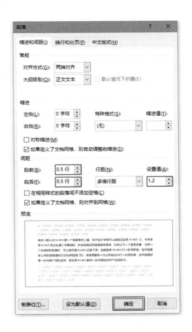

诀窍：如何能够让文档字数显得多

通过调整行间距可以实现对文字的"放慢语速"，还有一种方法也可以实现文字的"放慢语速"，那就是调整字符间距。

字符间距

> 很多人都认为 WORD 是一个很简单的工具，似乎会打字就可以说自己会用 WORD 了。可在使用 WORD 真正处理工作事项时，你会发现的使用频率极高，比如以下 6 个使用场景，当有一个非常好的创意时，可以将它用 WORD 记录下来；也能使用 WORD 打一封求职信；也可能是将公司的放假通知打印出来贴到门口；或者需要在一次公司会议中打一份签到表；也可能是起草一份与客户间的合同；甚至用 WORD 制作一份页数较多的产品说明书。

字符间距通常不会在正式的文档中出现，它作用往往是，整篇文档的文字较少，通过调整字符间距，可以让整篇文档看上去文字较多，篇幅较长。

如何在 Word 中设置字符间距呢？选中需要调整的文字，然后单击【开始】选项卡中的【字体设置】按钮。

在弹出的对话框中单击【高级】选项卡，【间距】选择【加宽】，并设置【磅值】为【0.5】，如果设置更大的数值，则文字间距过大会影响文档的美观度。最后单击【确定】按钮。

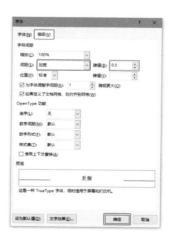

本书案例不需要让文档字数显得多，所以无须对案例做字符间距的设置。

2.2.4 你还手动打两个空格吗

扫 描 后 观 看
视 频 教 程

调整完文字的字体、字号、行距和段落间距后，让文档格式易于阅读的 5 个步骤仅剩最后一个——首行缩进。

在中文文档中，通常会在每个段落前输入两个空格，其他各行都保持不变，这就是首行缩进，它可以方便地区分文档的每个段落。

如果采用手动输入空格的方式进行首行缩进，那么也就意味着如果文档有 50 个段落，就要操作 50 次，这样非常浪费时间和精力，而且一旦有一个段落没有打空格，就会影响到文档的阅读。

首行缩进完全可以让 Word 自动完成，它可以没有错误地完成每个段落前的两个空格。选中本书案例的正文部分，然后单击【开始】选项卡中的【段落设置】按钮。

在弹出的对话框中，将【特殊格式】选择为【首行缩进】，【缩进值】会自动变成【2 字符】，也就是两个中文空格，然后单击【确定】按钮。

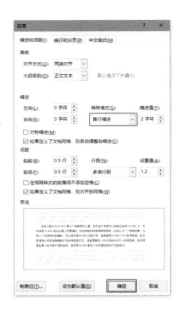

　　至此，通过对字体、字号、行距、段落间距和首行缩进这 5 个步骤的设置，让原本难以阅读的文档，最终可以进行舒适的阅读。

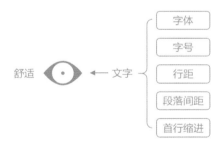

2.3　将文档中的重点突出

　　语言在说的时候会使用"重音"将重要部分与其他部分区分开来，那么在文档中，哪些文字是文档的重点？是否需要突出？在文档中如何突出呢？

2.3.1 两种文字需要作为重点突出

很多人都阅读过获得诺贝尔文学奖的作品，可若不是刻意地背
诵，没有人能够全部记住，这也就意味着，再精华的文档，在读者
阅读过后，都会遗忘大部分，仅剩下支离破碎的一些信息。而读者能够记住什么，
很难被作者控制。

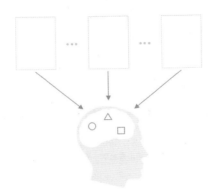

与其不知道读者会忘记哪些、记住哪些，倒不如将文档中的重点突出，尽可能
地让读者关注突出的重点，这样，那些突出的重点被记住的概率将会大大增加。

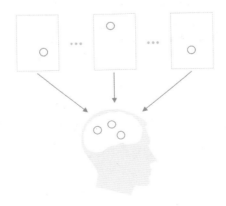

那么，在文档中有哪些文字是重点呢？"读者利益"和"作者观点"都属于重点文字。它们可以分为"单个重点"和"多个重点"

读者利益是读者能够对这篇文档感兴趣的理由，是读者能够读整篇文章的保障。而作者观点是整篇文档中作者的思想精髓。

比如本文案例中，6 个使用场景是读者的利益，读者可以在这 6 个场景中用好Word，并且它们是多个重点组成；"升职加薪"是读者的单个利益；"让 Word来成就你，而不是让你去迁就 Word"是作者的单个观点。

> 很多人都认为 WORD 是一个很简单的工具，似乎会打字就可以说自己会用WORD 了。可在使用 WORD 真正处理工作事项时，你会发现的使用频率极高，比如以下 6 个使用场景：当有一个非常好的创意时，可以将它用 WORD 记录下来；也能使用 WORD 打一封求职信；也可能是将公司的放假通知打印出来贴到门口；或者需要在一次公司会议中打一份签到表；也可能是起草一份与客户间的合同；甚至用 WORD 制作一份页数较多的产品说明书。
>
> 　　　　　　　　　　　　　　多个（读者利益）
>
> 　　　　　　　　　　　　　　⋮
>
> 面对市场上这样围绕"功能"的培训、视频和书籍，我们不禁需要思考："为什么要学习 WORD"呢？职场人士使用 WORD 的目标是解决工作中的实际问题，从而让自己的职业得到发展，可以升职加薪。单个（读者利益）
>
> 如果围绕"功能"来学习 WORD，那么这就变成了"为了使用 WORD 的而去学习WORD"，根本没有搞清楚能够用 WORD 解决什么实际问题，最终会形成"会用 WORD，但是不会解决实际问题"的窘境。毕竟是"让 WORD 来成就你，而不是让你去迁就WORD"。单个（作者观点）

如果将这些文字突出，那么读者在没有阅读所有文字的情况下，就可以看到这篇文档和自己有什么关系，能给自己带来什么利益和作者的主要观点是什么。并且在阅读过程中的文字突出，有助于这些重点在长时间后不会被遗忘。

2.3.2 将单个重点突出的方法

单个重点和多个重点的突出方式不同，如果是单个重点，只需要将它们与其他文字区别开就可以了。通常采用两种方法来实现：加粗和底纹。

比如，在文档中的"升职加薪"和"让 Word 来成就你，而不是你去迁就 Word"都属于单个重点，如果采用加粗的方法突出，结果如下图所示。

> 　　面对市场上这样围绕"功能"的培训、视频和书籍，我们不禁需要思考："为什么要学习 WORD"呢？职场人士使用 WORD 的目标是解决工作中的实际问题，从而让自己的职业得到发展，可以**升职加薪**。
>
> 　　如果围绕"功能"来学习 WORD，那么这就变成了"为了使用 WORD 的而去学习 WORD"，根本没有搞清楚能够用 WORD 解决什么实际问题，最终会形成"会用 WORD，但是不会解决实际问题"的窘境。毕竟是 **"让 WORD 来成就你，而不是让你去迁就 WORD"**。

只需要选中文字，然后单击【开始】选项卡中的【加粗】按钮即可。

如果采用底纹的方式，则显示结果如下页图所示。

> 面对市场上这样围绕"功能"的培训、视频和书籍，我们不禁需要思考："为什么要学习 WORD"呢？职场人士使用 WORD 的目标是解决工作中的实际问题，从而让自己的职业得到发展，可以升职加薪。
>
> 如果围绕"功能"来学习 WORD，那么这就变成了"为了使用 WORD 的而去学习 WORD"，根本没有搞清楚能够用 WORD 解决什么实际问题，最终会形成"会用 WORD，但是不会解决实际问题"的窘境。毕竟是 "让 WORD 来成就你，而不是让你去迁就 WORD"。

只需要选中文字，然后单击【开始】选项卡中的【底纹】按钮即可。

两种方法都可以突出单个重点，但是在一篇文档中只能二选一，也就是说一篇文档中不能出现部分单个重点是用"加粗"来突出，部分单个重点是用"底纹"来突出，如下图所示。"升职加薪"采用了加粗，而"让 Word 来成就你，而不是你去迁就 Word"采用了底纹。

> 面对市场上这样围绕"功能"的培训、视频和书籍，我们不禁需要思考："为什么要学习 WORD"呢？职场人士使用 WORD 的目标是解决工作中的实际问题，从而让自己的职业得到发展，可以升职加薪。
>
> 如果围绕"功能"来学习 WORD，那么这就变成了"为了使用 WORD 的而去学习 WORD"，根本没有搞清楚能够用 WORD 解决什么实际问题，最终会形成"会用 WORD，但是不会解决实际问题"的窘境。毕竟是 让 WORD 来成就你，而不是让你去迁就 WORD"。

这样做会给读者带来困扰：整篇文档中，有的是加粗，有的是底纹，它们有什么区别？而这个困扰与文档的重点毫无关系，还会给读者带来不好的体验。

⑥ 揭秘：为什么不用斜体、下划线和颜色来突出

在 Word 软件中提供了多种文字的格式，包括斜体、下划线和文字颜色等。而许多职场人士都会问我一个问题："为什么只用加粗和底纹作为单个重点的突出方式，其他格式就不行呢？"我给他们的答案是"它们会影响阅读"。

斜体作为一种文字格式，它会影响正常的文字阅读。比如，本书案例中的单个重点，使用斜体后，并没有任何突出的效果，反而让读者感觉阅读起来很吃力。

> 面对市场上这样围绕"功能"的培训、视频和书籍，我们不禁需要思考："为什么要学习 WORD"呢？职场人士使用 WORD 的目标是解决工作中的实际问题，从而让自己的职业得到发展，可以 *升职加薪* 。
>
> 如果围绕"功能"来学习 WORD，那么这就变成了"为了使用 WORD 的而去学习 WORD"，根本没有搞清楚能够用 WORD 解决什么实际问题，最终会形成"会用 WORD，但是不会解决实际问题"的窘境。毕竟是 "*让 WORD 来成就你，而不是让你去迁就 WORD*"。

下划线也是如此。文档正文采用了宋体作为正文字体，而宋体的下划线紧贴文字底部，妨碍了文档的正常阅读。

> 面对市场上这样围绕"功能"的培训、视频和书籍，我们不禁需要思考："为什么要学习 WORD"呢？职场人士使用 WORD 的目标是解决工作中的实际问题，从而让自己的职业得到发展，可以 <u>升职加薪</u>。
>
> 如果围绕"功能"来学习 WORD，那么这就变成了"为了使用 WORD 的而去学习 WORD"，根本没有搞清楚能够用 WORD 解决什么实际问题，最终会形成"会用 WORD，但是不会解决实际问题"的窘境。毕竟是 "<u>让 WORD 来成就你，而不是让你去迁就 WORD</u>"。

而使用颜色来突出文字，是非常不错的选择，但是大部分的文档都会被打印，而在职场中的大部分打印机都是黑白打印机，再绚丽的颜色打印出来也会变成灰色。

　　面对市场上这样围绕"功能"的培训、视频和书籍，我们不禁需要思考："为什么要学习 WORD"呢？职场人士使用 WORD 的目标是解决工作中的实际问题，从而让自己的职业得到发展，可以升职加薪。

　　如果围绕"功能"来学习 WORD，那么这就变成了"为了使用 WORD 的而去学习 WORD"，根本没有搞清楚能够用 WORD 解决什么实际问题，最终会形成"会用 WORD，但是不会解决实际问题"的窘境。毕竟是"让 WORD 来成就你，而不是让你去迁就 WORD"。

　　这些灰色的文字并没有起到突出重点的作用，而且还会在黑白打印时颜色过浅，影响文档正常的阅读。

　　这些就是为什么在突出单个重点时，不使用斜体、下划线和颜色的原因。

2.3.3　将多个重点突出的两种方法

扫 描 后 观 看
视 频 教 程

　　在本书案例文档的第一段中，有多个重点需要突出。

　　很多人都认为 WORD 是一个很简单的工具，似乎会打字就可以说自己会用 WORD 了。可在使用 WORD 真正处理工作事项时，你会发现的使用频率极高，比如以下 6 个使用场景：当有一个非常好的创意时，可以将它用 WORD 记录下来；也能使用 WORD 打一封求职信；也可能是将公司的放假通知打印出来贴到门口；或者需要在一次公司会议中打一份签到表；也可能是起草一份与客户间的合同；甚至用 WORD 制作一份页数较多的产品说明书。　　多个

　　如果采用单个重点突出的方法，比如使用加粗，则结果如下图所示。

　　很多人都认为 WORD 是一个很简单的工具，似乎会打字就可以说自己会用 WORD 了。可在使用 WORD 真正处理工作事项时，你会发现的使用频率极高，比如以下 6 个使用场景：**当有一个非常好的创意时，可以将它用 WORD 记录下来；也能使用 WORD 打一封求职信；也可能是将公司的放假通知打印出来贴到门口；或者需要在一次公司会议中打一份签到表；也可能是起草一份与客户间的合同；甚至用 WORD 制作一份页数较多的产品说明书。**

读者会看到"一片"加粗的文字，甚至在第一段中，加粗的文字数量超过了普通文字的数量，这样会导致重点不突出，无法让读者一目了然。

而对于这种多个重点需要突出的情况，通常采用的是"项目符号"和"编号"两种方式。

比如，本书案例中的多个重点，如果采用项目符号的突出方式，则结果如下。

很多人都认为 WORD 是一个很简单的工具，似乎会打字就可以说自己会用 WORD 了。可在使用 WORD 真正处理工作事项时，你会发现的使用频率极高，比如以下 6 个使用场景：

✓ 当有一个非常好的创意时，可以将它用 WORD 记录下来；

✓ 使用 WORD 打一封求职信；

✓ 将公司的放假通知打印出来贴到门口；

✓ 在一次公司会议中打一份签到表；

✓ 起草一份与客户间的合同；

✓ 用 WORD 制作一份页数较多的产品说明书。

采用项目符号的方式会形成多个字数较少的行，而且在每行前都会有相同的符号来与其他普通行区别开来。对于读者来说可以一目了然地看到多个属于并列关系的重点。

如何使用项目符号来突出多个重点呢？首先将多个重点都换行，然后将每个用于语言通顺的连接词删除。因为使用项目符号后，就不需要语言通顺了。

> 很多人都认为 WORD 是一个很简单的工具，似乎会打字就可以说自己会用 WORD 了。可在使用 WORD 真正处理工作事项时，你会发现的使用频率极高，比如以下 6 个使用场景：
>
> 　　当有一个非常好的创意时，可以将它用 WORD 记录下来；
>
> 　　也能使用 WORD 打一封求职信；
>
> 　　也可能是将公司的放假通知打印出来贴到门口；
>
> 　　或者需要在一次公司会议中打一份签到表；
>
> 　　也可能是起草一份与客户间的合同；
>
> 　　甚至用 WORD 制作一份页数较多的产品说明书。

然后单击【开始】选项卡中【项目符号】按钮的下拉箭头，在其中单击【√】的符号。

虽然 Word 提供了多种项目符号，但这里推荐使用"√"，原因是"√"在读者的思维中代表"正确"，也就意味着读者在看到这些重点时，会产生一个意识：这些内容都是正确的。

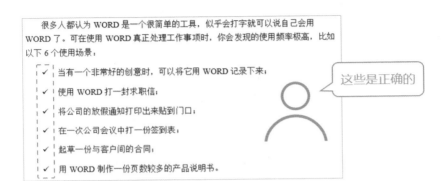

很多人都认为 WORD 是一个很简单的工具，似乎会打字就可以说自己会用 WORD 了。可在使用 WORD 真正处理工作事项时，你会发现的使用频率极高，比如以下 6 个使用场景：

✓ 当有一个非常好的创意时，可以将它用 WORD 记录下来；

✓ 使用 WORD 打一封求职信；

✓ 将公司的放假通知打印出来贴到门口；

✓ 在一次公司会议中打一份签到表；

✓ 起草一份与客户间的合同；

✓ 用 WORD 制作一份页数较多的产品说明书。

这些是正确的

除了项目符号外，还有一种突出多个重点的方法，那就是编号。如果以上案例采用编号的方法突出，结果如下。

很多人都认为 WORD 是一个很简单的工具，似乎会打字就可以说自己会用 WORD 了。可在使用 WORD 真正处理工作事项时，你会发现的使用频率极高，比如以下 6 个使用场景：

1. 当有一个非常好的创意时，可以将它用 WORD 记录下来；

2. 使用 WORD 打一封求职信；

3. 将公司的放假通知打印出来贴到门口；

4. 在一次公司会议中打一份签到表；

5. 起草一份与客户间的合同；

6. 用 WORD 制作一份页数较多的产品说明书。

它的操作方法是单击【开始】选项卡，单击【编号】按钮的下拉箭头，单击数字编号即可。

　　使用项目符号给读者的感觉是"并列"，而编号给读者的感觉是突出"顺序""流程"和"数字"。而在本书案例中，这 6 个场景没有先后顺序，也不需要突出数字"6"，因为这些只是列举了 Word 的一些使用场景，也可能是 7 个，甚至是 8 个。

　　项目符号在阅读时较为轻松，而编号则需要花费读者的精力去思考这些数字代表的意义，是"顺序"，还是"流程"或者是"突出数字"？为了能够让文档更加易读，在突出多个重点时，大部分情况下使用"√"的项目符号，而需要特别突出"顺序""流程"和"数字"时，使用编号。

ⓐ 诀窍：给演讲稿的生僻字加上拼音

在职场工作中，你可能需要为上级领导制作一份演讲稿，而在文档中可能会出现一些专有名词和人名等，作为读者的领导可能不清楚这些文字的读音，如果能够将这些文字的拼音标注出来，可以让领导一目了然地知道这些文字的发音，从而给他一个印象：你的工作很用心。

扫描后观看
视频教程

传统的方法是将文档打印出来，然后将拼音通过手写的方式写在生僻字的上方，这样做有 3 个缺点。

（1）由于行间距不大，拼音必须写得很小。

（2）手写的拼音不易于阅读。

（3）如果文档不被打印，而是放在平板设备中查看，则无法标记。

为了解决这 3 个问题，可以将拼音直接放到 Word 文档中。选中需要添加拼音的文字，然后单击【开始】选项卡的【拼音】按钮即可。

Word 会提供默认读音，你也可以自定义修改。而拼音除了应用在领导的演讲稿外，还可以应用在员工名单，甚至是孩子的文字教学中，如下图所示。

chuáng qián míng yuè guāng
床 前 明 月 光，

yí shì dì shàng shuāng
疑是地上 霜，

jǔ tóu wàng míng yuè
举头 望明月，

dī tóu sī gù xiāng
低头思故乡。

本章主要介绍使用文字将工作内容呈现的方法，文档中文字的优异性从 3 个方面体现：快速输入文字、格式易于阅读和突出文档重点。下一章将在此基础上，添加更多的元素，提高文档的可信度。

03

工作成果的突显
——提高文档可信度的 3 个方法

文字是文档的基础，但如果一篇文档中全部是文字，则会让读者感觉枯燥乏味。如果在文档中添加其他元素，比如表格、逻辑结构和图片，那么不但可以让文档看上去形式丰富，而且可以提高文档的可信度，从而突显你的工作成果。

3.1 表格让文字显示得更有结构

表格作为 Word 中常用的元素，它可以让枯燥的文字通过行和列的排布，变得富有逻辑性。而 Word 中有表格，Excel 也是表格，它们有什么区别呢？一句话就可以概括：Word 表格侧重设计，Excel 表格重在计算。Word 中的表格往往是文档中文字的结构化显示，并通过调整行高、列宽、合并单元格等方式让文字更加易读。而 Excel 中的表格虽然也可以对文字进行结构化处理，但 Excel 更侧重于统计计算和数据分析。

3.1.1 让表格的行列随心所欲

扫描后观看
视频教程

比如要在本书案例的正文末尾介绍每个章节的内容，如果采用纯文字的方式进行展现，那么呈现方式如下图所示。

> 本书共有六个章节，每个章节的内容第一章职场办公的基础；第二章工作内容的呈现；第三章工作成果的突显；第四章文档陷阱的规避；第五章升职加薪的秘诀；第六章拿来就用的文档。

如果通过表格的方式进行呈现，那么结果如下图所示。

本书共有六个章节，每个章节的内容如下。

章节	内容
第一章	职场办公的基础
第二章	工作内容的呈现
第三章	工作成果的突显
第四章	文档陷阱的规避
第五章	升职加薪的秘诀
第六章	拿来就用的文档

两者进行比较可以发现，表格化的文字更有结构性，让读者更易于阅读。如何完成这样的表格呢？首先在文档正文末尾输入"本书共有六个章节，每个章节的内容如下。"，然后单击【插入】选项卡中的【表格】按钮，并根据测算得知需要 2 列 7 行的表格，然后选择并单击即可。

插入表格后，输入各单元格的文字，如下图所示。

章节	内容
第一章	职场办公的基础
第二章	工作内容的呈现
第三章	工作成果的突显
第四章	文档陷阱的规避
第五章	升职加薪的秘诀
第六章	拿来就用的文档

在实际工作中，经常出现需要调整结构的情况，需要对行、列的数量进行修改。而 Word 提供了对行、列进行添加和删除的方法。在【布局】选项卡中，有【删除列】【删除行】【在上方插入】【在下方插入】【在左侧插入】和【在右侧插入】按钮。

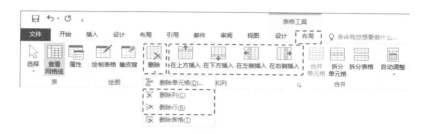

这样就可以随心所欲地调整表格的行和列了。

3.1.2 3 步操作让表格更易于阅读

扫描后观看
视频教程

默认插入的表格是黑色细线边框，文字在单元格中都是左对齐，没有任何特殊格式。这样从视觉上无法区分表头（表格的第一行，通常是列标题）和内容，而且当列数较多时，每行内容之间容易看串行。

章节	内容
第一章	职场办公的基础
第二章	工作内容的呈现
第三章	工作成果的突显
第四章	文档陷阱的规避
第五章	升职加薪的秘诀
第六章	拿来就用的文档

表头

内容

为了解决这样的问题，让表格更易于阅读，通常会对表格进行以下 3 步操作：文字对齐、隔行变色和表头加粗。

首先是对表格中的每列都设置对齐方式，表格默认的是居左对齐，当某列的内容长度一样时，就会采用居中对齐。比如，案例中的"章节"列，内容部分的 6 行文字都是 3 个字，这时可以采取居中的方法来让表格文字易于阅读；"内容"列都是 7 个字，也可以使用文字居中。选中所有需要居中的文字，单击【开始】选项卡中的【居中】按钮即可。

章节	内容
第一章	职场办公的基础
第二章	工作内容的呈现
第三章	工作成果的突显
第四章	文档陷阱的规避
第五章	升职加薪的秘诀
第六章	拿来就用的文档

对齐方式设置完成后，接下来就是设置隔行变色了，如下页图所示。

章节	内容
第一章	职场办公的基础
第二章	工作内容的呈现
第三章	工作成果的突显
第四章	文档陷阱的规避
第五章	升职加薪的秘诀
第六章	拿来就用的文档

　　一旦采用了隔行变色，每一行与上下两行颜色都不相同，这样就可以防止列数较多时，每行之间的内容看串行。如何操作呢？难道是每行都手动设置不同的底纹吗？完全不用！Word 提供了让表格自动隔行变色的方法。单击表格任意位置，单击【设计】选项卡，在【表格样式选项】选项组中取消勾选【第一列】复选框，然后单击【表格样式】选项组中的第三个样式。

　　【设计】选项卡中【表格样式选项】选项组中的 6 个复选框可以快速帮助表格设计不同的样式。详细区别如下页图。

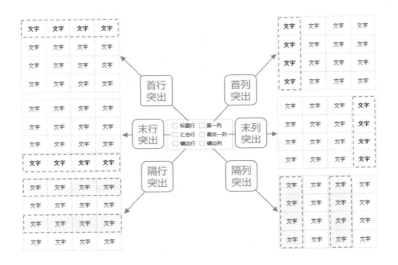

本书案例中需要的是首行突出和隔行突出，所以只勾选这两个选项。

设置完毕后发现，表头文字已经加粗了，这样就省去了让表格更易于阅读的第 3 步操作。最终的表格如下图所示。

章节	内容
第一章	职场办公的基础
第二章	工作内容的呈现
第三章	工作成果的突显
第四章	文档陷阱的规避
第五章	升职加薪的秘诀
第六章	拿来就用的文档

3.1.3 使用"自动调整"让表格显得更专业

表格默认与文档的宽度相同，从而会拉伸所有单元格，导致每个单元格会有很多空隙。

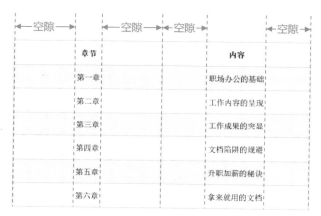

为了减少这些空隙，通常会去调整每列的宽度，尽可能地让空隙变小。

章节	内容
第一章	职场办公的基础
第二章	工作内容的呈现
第三章	工作成果的突显
第四章	文档陷阱的规避
第五章	升职加薪的秘诀
第六章	拿来就用的文档

许多职场人士在调整列的宽度时都会耗费很多时间，为的是实现完美：空隙最小，而且各列的空隙一致。其实并不需要手动调整，Word 可以自动完成。单击本书案例表格的任意位置，单击【布局】选项卡中的【自动调整】按钮，单击【根据内容自动调整表格】按钮即可。

此时，文档中的表格空隙被自动缩减到最小，无须再手动调整了。如果在实际工作中遇到的表格的列数较多时，可以使用【根据窗口自动调整表格】，它会将表格宽度调整至与文章一样，并根据窗口中的文字长短来自动匹配每列的宽度，达到视觉效果的最优化，如下图所示。

根据窗口自动调整表格				
文字	文字	文字文字	文字文字文字文字文字文字文字文字	文字文字文字
文字	文字	文字文字	文字文字文字文字文字文字文字文字	文字文字文字
文字	文字	文字文字	文字文字文字文字文字文字文字文字	文字文字文字
文字	文字	文字文字	文字文字文字文字文字文字文字文字	文字文字文字
文字	文字	文字文字	文字文字文字文字文字文字文字文字	文字文字文字

3.1.4 用等比例缩放代替手动拖曳

设置完自动调整后，发现两个问题：表格没有居中，每行高度过高。

如果要将表格居中，只需要全选表格，然后设置居中就可以了。如何快速全选表格呢？单击表格任意位置，然后单击表格左上角的正方形即可全选表格。

章节	内容
第一章	职场办公的基础
第二章	工作内容的呈现
第三章	工作成果的突显
第四章	文档陷阱的规避
第五章	升职加薪的秘诀
第六章	拿来就用的文档

　　每行的高度过高是由于表格中的文字仍然沿用了文档中的段落设置（行距 1.2 倍，段落间距各 0.5 行）的缘故。此时，只需要打开段落设置，将行距设置为【单倍行距】，段落间距各设置为【0】即可。完成后的表格如下图所示。

章节	内容
第一章	职场办公的基础
第二章	工作内容的呈现
第三章	工作成果的突显
第四章	文档陷阱的规避
第五章	升职加薪的秘诀
第六章	拿来就用的文档

　　这样的表格一点空隙也没有，所有的文字都"挤"在一起，许多职场中的表格都是如此。如果通过手动拖曳每行的高度，将非常浪费精力。有一种方法可以快速地实现表格的"等比例缩放"，让表格在整体布局不变的情况下，空隙变大。

　　单击表格任意位置，用鼠标拖曳表格右下角的正方形，此时表格就可以实现等比例缩放。

章节	内容
第一章	职场办公的基础
第二章	工作内容的呈现
第三章	工作成果的突显
第四章	文档陷阱的规避
第五章	升职加薪的秘诀
第六章	拿来就用的文档

但是，将表格等比例缩放后，文字在每个单元格中是靠上显示的，这样不符合读者的阅读习惯。

章节	内容
第一章	职场办公的基础
第二章	工作内容的呈现
第三章	工作成果的突显
第四章	文档陷阱的规避
第五章	升职加薪的秘诀
第六章	拿来就用的文档

这时，调整每个单元格的对齐方式就可以解决这个问题。通过单击表格左上角的正方形全选表格，然后单击【布局】选项卡中【对齐方式】选项组中的【水平居中】【垂直居中】按钮即可。

至此，本书案例的表格设置就全部操作完毕了。

🔒 专栏：搞定跨页长表格的 3 个常见操作

在职场工作中，除了本书案例中这样文字较少的表格以外，跨多个页面的长表格也经常出现，比如比赛评分表、产品结构说明表、会议出席签到表等。在跨页的长表格中，有 3 个问题比较常见：单元格斜线、每页有表头和每行自动编号。

扫描后观看
视频教程

比如，需要设计一个"公司演讲比赛辅导表"，用于对公司 30 名员工进行演讲比赛前的辅导，结果希望如下图所示。

公司演讲比赛辅导表

辅导\n姓名	问题	建议
1		
2		
3		
4		

如何设置呢？首先新建一个 Word 文档，输入文字"公司演讲比赛辅导表"，文字设置为微软雅黑、三号字体、居中，然后单击【插入】选项卡中的【表格】按钮，由于有 30 名人员，加上表头，需要插入 31 行，而普通插入表格中无法选择 31 行。此时，单击【插入表格】，在弹出的对话框中，在【列数】栏输入【3】，【行数】栏输入【31】，并单击【确定】按钮。

插入表格后，先要调整表格的样式。单击【设计】选项卡，在【表格样式选项】选项组中取消勾选【第一列】复选框，在【表格样式】选项组中单击第三个样式。

接下来就是要完成跨页长表格的第 1 步操作：单元格斜线。

如何在左上角的单元格中画斜线呢？单击表格左上角单元格，单击【设计】选项卡，由于表格边框颜色为灰色，所以需要将斜线也设置为灰色，单击【笔颜色】按钮，选择【灰色】，然后单击【边框】按钮的下拉箭头，单击【斜下框线】即可。

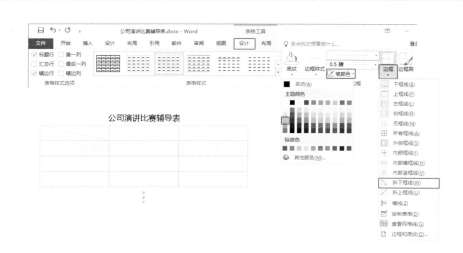

单元格中的斜线并不是将这个单元格变成了两个三角形，而只是一根用于显示的斜线而已。那如何能够完成这个单元格的文字设置呢？其实在这个单元格中有两行文字，上一行文字"辅导"居右对齐，而下一行文字"姓名"居左对齐。

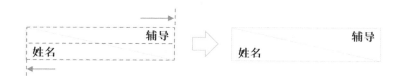

处理完表头第 1 个单元格的斜线后，在第 2 个和第 3 个单元格中分别输入"问题"和"建议"，并设置为水平居中、垂直居中。设置完毕后，就要开始设置跨页长表格的第 2 步常见操作：每页有表头。

一个跨页的长表格，在第 1 页有表头，第 2 页没有表头，那么读者在查看到第

2 页时就会产生疑惑：这几列都是什么？如果在每页都加上表头，就可以避免读者的这种疑惑。

　　通常的做法是在每页表格的头部单独插入一行表头的文字。这样做看似完成了要求，但每页都需要新增一行非常浪费精力，而且一旦表格中某一行被删除或者新增一行，那么所有手动添加的"表头"行都要进行调整。

　　有没有一种方法可以根据表格的分页自动调整，使每页都能准确出现表头呢？首先选中需要在每页重复的表头行，然后单击【布局】选项卡中的【重复标题行】按钮。

此时，跨页表格的每页都会有表头。如果在实际工作中，表头有两行，那么就选中两行，然后单击【重复标题行】按钮即可。

完成每页有表头的设置后，接下来就是设置跨页长表格的第 3 步常见操作：每行自动编号。

在 Excel 中可以通过自动填充，快速让每行有"1，2，3，4，5，……"这样的编号，而在 Word 中没有"自动填充"的功能。经常看到有的职场人士自己手动输入"1，2，3，4，5，……"有的先在 Excel 中生成编号，然后再复制到 Word 中。这些都可以实现每行有编号，但是如果中间某一行被删除或者新增一行，那么后面的编号需要全部重新调整。

如何让每行自动编号，并且可以避免某行删除或新增时的修改呢？可以使用 Word 的"编号"功能。选中表格的内容部分的第一列，单击【开始】选项卡中的【编号】按钮，然后将插入的编号左对齐即可。

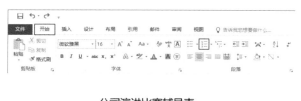

至此，我们就完美解决了跨页长表格的 3 个问题：单元格斜线、每页有表头和每行自动编号。

🔓 揭秘：破解使用表格时的 5 个疑难杂症

在职场工作中，职场人士经常会使用表格，而在频繁地使用表格的过程中，会出现 5 个疑难杂症：置顶表格前插入行、删除满页表格后的空白页、超大表格自适应宽度、计算表格数据和切断表格。

扫 描 后 观 看
视 频 教 程

表格的疑难杂症
- 置顶表格前插入行
- 删除满页表格后的空白页
- 超大表格自适应宽度
- 计算表格数据
- 切断表格

这 5 个疑难杂症会浪费职场人士很多时间去解决，本节就提供这 5 个疑难杂症的解决方案。

一、疑难杂症 1：置顶表格前插入行

新建一个 Word 文档，然后直接插入一个表格，这样的操作会导致表格处于置顶的位置，也就是说，表格前无任何内容。

置顶

插入完表格后，当需要给表格添加标题时，发现表格前无法输入文字。这时该怎么办呢？

对于置顶的表格来说，要在表格前新增一行普通文字，只需要在表格左上角单元格按【Enter】键即可。

只有当表格置顶时，在左上角单元格中按【Enter】键才可以在表格前新增一行来输入普通文字。在表格不是置顶的情况下，在左上角单元格中按【Enter】键只会让这个单元格变成两行。

二、疑难杂症 2：删除满页表格后的空白页

当表格处于文档的末尾，且撑满整个页面时，会出现文档末尾有空白页的情况。

这时的空白页无法通过【Delete】和【Backspace】键来删除，因为在 Word 软件中，表格后必须有一个"换行符"，这个"换行符"无法删除。当表格撑满整个页面时，这个"换行符"只能到下一页了，所以会出现一个空白页面。

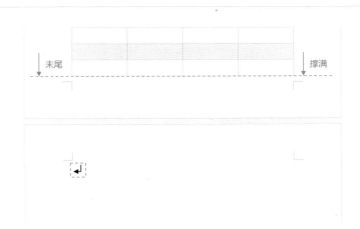

虽然无法删除这个"换行符"，但是可以将它缩小，单击空白页的第一行，将文字大小设置为"1"即可。空白页消失的原因是"换行符"非常小，可以紧跟在上一页表格的后面了。

三、疑难杂症 3：超大表格自适应宽度

在处理文档时，职场人士经常会从网络中或者从 Excel 表格中复制内容，而在复制过程中会出现表格超过了整个文档页面的情况。

前文讲解到通过表格右下角的正方形可以快速调整表格高度和宽度，但是当表格超大时，表格右下角的正方形将无法选中。这时，该如何将表格完全放到页面中呢？

此时，只需单击表格任意位置，然后单击【布局】选项卡中【自动调整】按钮的【根据窗口自动调整表格】即可。

超大的表格会根据页面自适应大小。

四、疑难杂症 4：计算表格数据

在 Word 表格中对数据进行计算，也是职场人士经常会遇到的问题，其中计算求和是比较常见的。碰到这种问题时，职场人士都会拿起计算器进行计算，或者是复制到 Excel 中计算，然后将结果复制到 Word 中。这样做不但浪费精力，而且当下次再碰到同样文档中的计算时，需要重新做一遍。比如本书提供的"疑难杂症 4：计算表格数据"，就是一张公司报销表，需要将所有报表明细求和。

序号	明细	数量	合计
1	火车票	1	300
2	出租车票	2	68
3	饭费	3	99
4			
5			
		合计：	

如何让 Word 也能够像 Excel 一样进行计算呢？将光标停留到需要计算的地方，单击【布局】选项卡中的【公式】按钮。

弹出的对话框中已经自动添加了函数 "=SUM(ABOVE)",表示对合计单元格以上所有单元格中的值进行求和,单击【确定】按钮。

此时,Word 就如同 Excel 一样,可以对表格进行求和了。但需要注意的是,当下次再打开该表格进行修改时,合计结果并不会自动改变,需要手动修改。在合计结果上单击鼠标右键,单击【更新域】即可。

序号	明细	数量	合计
1	火车票	1	300
2	出租车票	2	68
3	饭费	3	50 修改
4	高温补贴	1	400 新增
5			
			合计：467

剪切(T)
复制(C)
粘贴选项：
更新域(U)
编辑域(E)...
切换域代码(T)
字体(F)...
段落(P)...
插入符号(S)

五、疑难杂症 5：切断表格

在 Word 中，职场人士经常会遇到需要将一个表格切断成两个表格的情况。

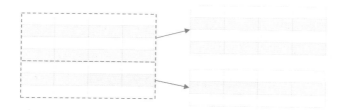

通常的做法是选中表格的下半部分，然后剪切，并在键盘上按下【Enter】键，再进行粘贴，这样需要经过 4 个步骤。

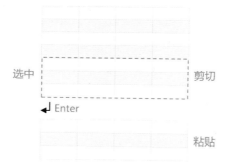

而 Word 可以直接通过一个组合键来切断表格。单击需要切断表格的行，然后在键盘上按下【Ctrl+Shift+Enter】组合键即可。

通过破解 Word 表格的 5 个疑难杂症后，你已经精通了职场中使用表格的各种技巧。接下来，本书将介绍除了表格以外，其他可以提高文档可信度的方法。

3.2 一千字不如一个逻辑图形

扫描后观看
视频教程

在文档中，为了能够突显自己的工作成果，经常会出现一些逻辑结构。逻辑结构可以划分为 6 种，包括单点、清单、流程、矩阵、层次和无序。

● 单点　••• 清单　••➤ 流程　▦ 矩阵　⁂ 层次　✿ 无序

这 6 种结构基本概括了职场中常用的逻辑。

单点是指单个知识点。比如询问客户时使用封闭式问题可以增加销量；在与他人聊天时定期点头可以增加信任度等。这些都属于单点。

清单是指多个无顺序的单点组合。比如产品信息采集清单、客户回访问题清单等。

客户回访问题清单

√ 您在什么时间购买了我们的产品？

√ 您对我们的销售和服务是否满意？

√ 在使用过程中产品出现什么问题？

流程是指有顺序的清单，它的特殊形式就是循环。比如质量管理的 PDCA 循环[1]、向上司进行数据汇报的 4 个步骤等。

1 PDCA 循环的含义是将质量管理分为 4 个阶段，即计划（Plan）、执行（Do）、检查（Check）、调整（Adjust）。

向上级汇报的4 个步骤

数据分析 → 决策选择 → 相关利益 → 基础数据

矩阵是指二维的表格数据。比如时间管理重要紧急矩阵，人力资源管理中的绩效能力矩阵等。

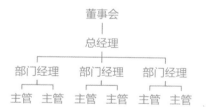

时间管理重要紧急矩阵

	不重要	重要
不紧急		
紧急		

层次是指多重可能性分支。比如公司的组织架构图，部门的业务分布等。

公司组织架构图

董事会
│
总经理

部门经理　部门经理　部门经理

主管　主管　主管　主管　主管　主管

无序是指所有不属于以上结构的情况。比如高效能人士的 7 个习惯等。

如果使用文字来描述这些逻辑结构，将会显得苍白无力，也许 1 000 字也无法达到一张逻辑结构图形一目了然的效果，这也是为什么在本书中会有那么多逻辑结构图形的原因。

3.2.1 用 SmartArt 显示你的逻辑

在文档中如何快速制作逻辑结构呢？ Word 软件提供了

扫 描 后 观 看
视 频 教 程

SmartArt。比如在本书案例中，需要在"经过分析，发现培训、视频和图书大多围绕……"这段文字下方加入以下图形。

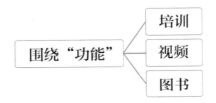

如果采用自己手绘图形的方式，会花费很大精力，而通过 SmartArt 中预设的逻辑结构，你只需要输入文字就可以完成了。

在需要插入 SmartArt 的位置新建一行，单击【插入】选项卡的【SmartArt】按钮。

SmartArt 提供了多种结构，每种结构与逻辑结构的对应关系如下。

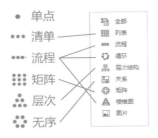

本书案例需要制作一个"层次"逻辑结构，在弹出的窗口中单击【层级结构】，

选择【水平层次结构】，并单击【确定】按钮。

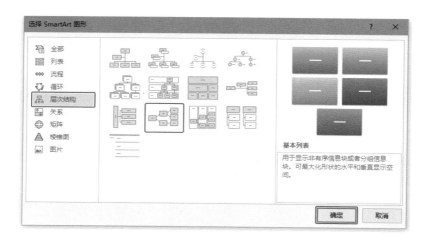

3.2.2 SmartArt 的文字不能直接输入

扫描后观看
视频教程

插入完 SmartArt 图形后，接下来就是修改其中的文字了。如果在 SmartArt 图形中直接输入文字会发现无法新增节点。

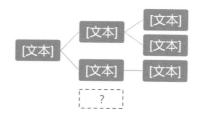

而在本书案例中需要插入一个有三个节点的层次结构，如何才能新增一个节点呢？ SmartArt 中所有的文字，都不是在 SmartArt 的图形中进行操作，而是在左侧的文本窗格中进行设置的。在左侧文本窗格输入"围绕'功能'""培训"和"视频"，并删除不需要的文字。此时右侧的 SmartArt 图形会自动发生改变。

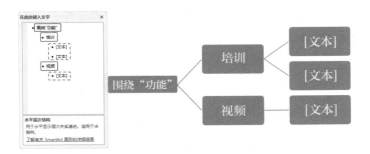

当需要新增一个节点时，只需要在上一节点处单击【Enter】键即可。如果要调整节点的位置，可以通过【Tab】键和【Shift+Tab】组合键来进行后退和前进。

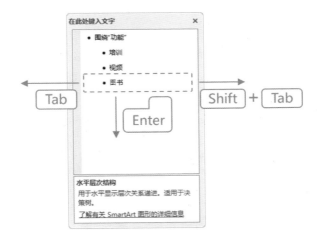

3.2.3 SmartArt 竟然没法居中

扫 描 后 观 看
视 频 教 程

添加完 SmartArt 图形中的文字后，接下来就是调整它的样式了。首先拉宽"围绕'功能'"的形状，发现 SmartArt 图形中的文字会根据形状自动调整字号大小。此时，可以通过调整 SmartArt 整体的 8 个顶点来缩小 SmartArt，文字即可相应变小。SmartArt 拖曳到多大为合适呢？在职场中没有公认的规定，但为了能够保证 SmartArt 的易读性，通常都以会以"SmartArt 中的文字比正文文字稍大"作为调整它的标准。

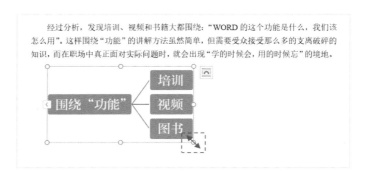

　　调整完 SmartArt 的大小后需要将它居中，但是单击【居中】按钮只是让形状中的文字居中，不能将整个 SmartArt 居中，这该怎么办呢？将 SmartArt 居中比较简单的方法就是将它整体拉宽，让 SmartArt 图形在视觉上居中就可以了。SmartArt 有首行缩进，所以在拉宽时在右侧预留两个文字的位置即可。

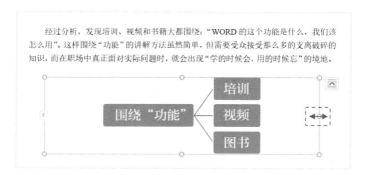

3.2.4　5 秒把 SmartArt 图形变专业

扫描后观看
视频教程

　　默认的 SmartArt 样式并不好看，而职场人士又没有学过设计，如何能够在最短时间内，简便地把 SmartArt 图形变成一个看上去很专业的图形呢？一共有两步操作：样式和颜色。

　　SmartArt 图形需要迎合读者的喜好而且还要容易阅读。如果一篇文档不需要被打印出来，通常会将 SmartArt 设置为以下样式。

　　如何设置呢？单击 SmartArt 图形，然后单击【设计】选项卡，在【SmartArt 样式】中选择第 3 个样式。

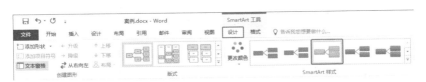

　　在职场中常见的样式就是【SmartArt 样式】中的第 3 个和第 4 个样式，其他的样式使用到了阴影和三维效果，会影响 SmartArt 图形的易读性。

　　SmartArt 图形的默认颜色为蓝色，是较为常用的颜色，不需要修改。鲜艳的颜色如红色和橘色会给人刺激，虽然可以突出重点，但是长时间阅读后会让人感觉到疲惫。还有一种较为舒适的颜色是绿色，由于在股市中绿色代表下跌，在读者的心里可能会不喜欢绿色。所以在文档中，更推荐蓝色。

　　以上的 SmartArt 样式应用于文档不被打印的情况。当一篇文档需要被打印出来时，SmartArt 图形中的背景色会被打印成一团灰色，这样非常不美观。通常，在专业文档中，SmartArt 图形是没有背景色的，如下页图所示。

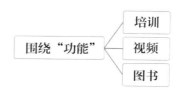

如何快速设置呢？单击 SmartArt 图形，单击【设计】选项卡中的【更改颜色】按钮，选择【个性色 3】组的第一个颜色即可。

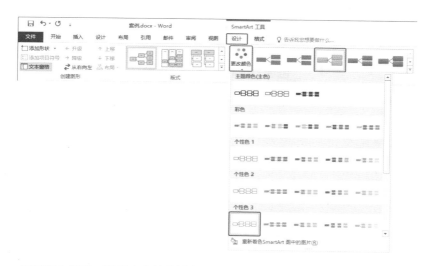

通过以上设置，职场人士就能够在 Word 文档中插入一个便捷的逻辑结构，提高文档的可信度，将自己工作成果突显出来了。

3.3　Word 中不可缺少的主角——图片

在文档中，可以以图片的形式插入自己的工作场景、客户的褒奖和工作成果等，这样不但可以提高文档的可信度，还能让文字较多的文档显得更丰富。

3.3.1 选择一种你习惯的方式插入图片

扫描后观看
视频教程

比如在本书案例中，需要在"这时，很多人开始求助于市面上的培训班……"这个段落的下方插入图片，为的就是能够通过图片来概括段落大意。

> 这时，很多人开始求助于市面上的培训班、网络上的视频以及一些关于"WORD"学习的书籍。但根据我与上百位的学员和朋友交流后发现，这些培训班、视频和书籍虽然都是围绕 WORD，但是却没有真正让工作省力，没有给他们"减负"，反倒却"增负"了。

本节围绕的是如何将网络上下载的图片完美地放置到文档中。

在本书电子资源中提供了"增负 .png"图片，在需要插入图片的位置新建一行后，就要插入图片了。在 Word 中共有 3 种方法插入图片：插入、复制和拖曳。

方法 1：插入。

单击【插入】选项卡中的【图片】按钮，在弹出的对话框中选择要被插入的图片的路径即可。此方法从始至终只需要打开 Word 软件，但需要一步步选择图片的路径。

方法 2：复制。

先从文件夹中找到图片，将它复制，然后在文档的相应位置粘贴即可。此方法需要打开 Word 软件和图片所在的文件夹两个窗口。

复制　　　　粘贴

方法 3：拖曳。

从文件夹中找到图片，直接将它拖曳到文档的相应位置。此方法需要打开 Word 软件和图片所在的文件夹两个窗口，两个软件要同时平铺在桌面上。

你不需要将这 3 种方法都记住，根据自己的情况，选择一种你最喜欢的插入方式。比如，我在办公过程中有 3 个显示器，所有的软件和文件夹都可以平铺在桌面上，所以我更喜欢第 3 种方法——拖曳。

将图片插入文档后，图片会以最大化的方式放置在文档中，这时就需要调整图片的大小。单击图片，图片四周会出现 8 个顶点，拖曳右下角的顶点可以对图片进行等比例缩放。缩放到多小为合适呢？如果图片中有文字，则需要保证每个文字能被看清即可。

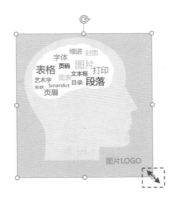

调整完图片大小后发现，图片虽然是左对齐，但是在图片左侧仍然有首行缩进的两个空格，这时可以直接将光标停留到图片前方，在键盘上按下【BackSpace】键进行删除。

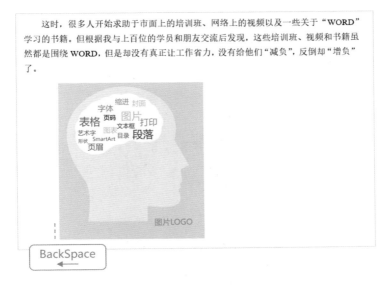

最后将图片居中即可。

3.3.2 快速去除图片中的 LOGO[1]

　　从网络下载的图片往往会有 LOGO，如果不删除它，则会影响文档的可信度和专业度，甚至让读者认为整篇文档都是从网上下载的。为了避免这样的误会，通常都需要删除图片中的 LOGO，在 Word 中如何能够快速操作呢？

　　由于图片的 LOGO 通常都位于图片的四个角落，不会遮盖到图片的主体部分，可以利用这一点，使用 Word 的裁剪功能将 LOGO 裁剪掉，这样也不会影响到图片的主体。

　　双击图片，快速进入【格式】选项卡，单击【裁剪】按钮，然后将下方的粗线

---

1 LOGO 是徽标或者商标的外语缩写。

往上拖曳，裁剪完毕后，单击图片外任意位置即可退出裁剪状态。

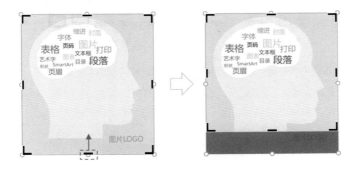

3.3.3 谁说"抠图"一定要用 Photoshop

裁剪掉 LOGO 后的图片显得非常专业，就像这张图片是为本文档单独设计的一样，但是大部分的图片都会有与图片无关的背景，如何进行"抠图[1]"呢？

扫 描 后 观 看
视 频 教 程

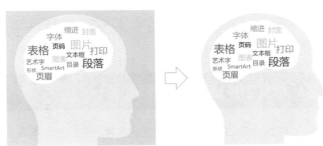

有些职场人士会求助于专业修图软件 Photoshop，使用 Photoshop 虽然可以完成去除背景的工作，但是需要额外打开 Photoshop 软件，去除背景后还需要重新另存图片，整个过程繁琐。而且大部分的职场人士并不会使用 Photoshop。

有没有什么方法可以不使用额外的软件，直接在 Word 里完成"抠图"呢？双击本书案例中的图片，快速进入【格式】选项卡，单击【删除背景】按钮。

---

1 抠图：图像处理中最常用的操作之一，指的是将图像中需要的部分从画面中精确地提取出来。

图片内部矩形外的所有内容会被删除，而矩形内部会被自动匹配，所有玫红色的部分都会删除。通过拖曳矩形，告诉 Word 软件，图片中哪些部分需要保留。比如本书案例中，拖曳图片内部的矩形，直至人头能够完全显示为止。

单击图片外任意位置，即可退出"删除背景"的状态。此时查看文档中的图片，它已经完美地显示在文档中了。

🔒 误区：将文字环绕在图片周围

Word 提供了将图片和文字进行混合排版的多种方式。比如本书案例中的图片，使用不同的文字环绕效果结果如下。

扫描后观看
视频教程

嵌入型　　　　　　　　四周型　　　　　　　　紧密型

当使用了"四周型"或者"紧密型"的文字环绕效果后，从整体效果看，文档变得"漂亮"了，但是对于读者来说，完整的段落文字被割开，大大影响了文档的阅读，从而降低了文档的可信度，也就不能突出自己的工作成果了。

所以，在职场中，除了公司宣传手册等设计类的文档外，其他专业文档都不需要使用任何的文字环绕效果，只需要使用默认的"嵌入型"即可。

3.3.4 传播和打印的图片处理方式不一样

当文档被打印出来时，颜色丰富的图片只会变成灰色，而在电子版的文档中，无法看到图片被打印出来的状态，所以无法控制图片在打印稿中的颜色是深灰色还是浅灰色。

通常会将文档先打印出来，如果图片颜色太深或太浅，则需要重新调整，并再打印一次，这样非常浪费精力。如果能够在 Word 软件中就能看到图片被打印出来的状态，那么将大大节省精力。

如何操作呢？双击图片，快速进入【格式】选项卡，单击【颜色】按钮中的第一张效果，将图片设置为"灰度"。

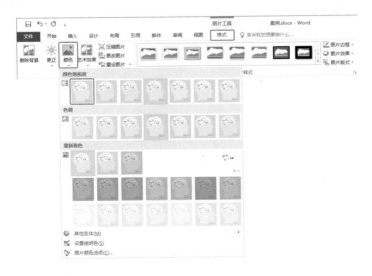

此时的图片已经显示为黑白打印时的效果了。如果希望调整打印结果的深浅，单击【更正】按钮，选择合适的【亮度 / 对比度】即可。

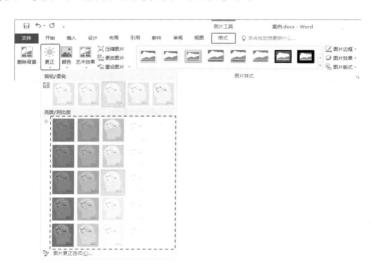

以上方法是将单张图片进行处理，如果一篇文档中的图片较多，可以查看本书第 5 章中的内容，让整篇文档快速变成黑白色。

本章介绍了提高文档可信度的 3 个方法：表格、逻辑图形和图片。

通过这 3 个方法可以让枯燥的纯文字文档变得可信，从而可以突显你的工作成果。下一章将介绍 Word 软件中的其他元素，它们看似可以丰富文档的外形，实际上却是在降低你的工作效率，影响文档的专业度。

04

文档陷阱的规避
——文档中常见的 5 个误区

表格、逻辑图形和图片作为 Word 文档中的"常客"，经常出现在各种各样的职场文件中。而 Word 除了提供这 3 种工具外，还提供了文本框、艺术字、形状、首字下沉和图表这 5 种工具，大部分的职场人士都在这 5 种工具上出现了误解。本章的目标就是帮助大家规避这 5 种工具的陷阱。

4.1 "鸡肋"的文本框

职场人士对文本框并不陌生，它是 PPT 软件的基础，因为 PPT 文件中大部分的文字都在文本框中。而在 Word 文档中，文本框就像"鸡肋"[1]一样：食之无味，弃之可惜。虽然在设计类的文档中有用武之地，但在一般的 Word 文档中感觉没什么用处。

4.1.1 文本框为什么不受职场人士喜爱

文本框作为存放文字的载体，在 Word 文档中有什么作用呢？文本框的作用是为了能够引起读者的注意。通过观察文本框与普通文字的区别，发现文本框有 3 个功能是普通文字没有的：文字环绕、文字方向和边框底纹。

扫描后观看
视频教程

文本框的功能 ── 文字环绕 / 文字方向 / 边框底纹

文本框中的文字会脱离普通文字，有与图片一样的文字环绕效果，可以实现文本框与普通文字的混合排版。

比如，在本书案例的段落中插入一个文本框，结果如下图所示。

> 这时，很多人开始求助于市面上的培训班、网络上的视频以及一些关于"WORD"学习的书籍。但根据我与上百位的学员和朋友交流后发现，这些培训班、视频和书籍虽然都是围绕 WORD，但是却没有真正让工作省力，没有给他们"减负"，反倒却"增负"了。
>
> 没有"减负"，反而"增负"。

---

1 出自《三国志·魏书·武帝纪》裴松之注引《九州春秋》曰："夫鸡肋，弃之如可惜，食之无所得，以比汉中，知王欲还也。"（食之无肉，弃之不舍）。比喻做无多大意义而又不忍舍弃的事情。

　　读者在阅读文档时，会出现一个困扰：在他面前有"两个"文档，一个是整篇正文，从上至下，从左至右的正常阅读即可；而另一个则是文本框，它独立于文档，需要读者在正常阅读时，转换自己的视线，改变自己的阅读习惯去阅读文本框中的内容，脑中还要思考文本框的内容和正文是什么关系。等到文本框中的内容完全读完后，需要读者再回到文档的正文继续阅读。

　　面对这么用途广泛的 WORD，在使用时发现它并不是那么简单，常常回因为不熟练而不能达到自己想要的效果，如果一个 WORD 文档浪费 20 分钟，每天使用 3 次 WORD，那就是整整一个小时的时间，每天工作才 8 小时，这可占据了全天工作的 1/8。

　　这时，很多人开始求助于市面上的培训班、网络上的视频以及一些关于"WORD"学习的书籍。但根据我与上百位的学员和朋友交流后发现，这些培训班、视频和书籍虽然都是围绕 WORD，但是却没有真正让工作省力，没有给他们"减负"，反倒却"增负"了。

　　没有"减负"，反而"增负"。

　　这样会大大分散读者的注意力，而且在不知不觉中，会给读者造成这篇文档难以阅读的印象。

　　文字方向也是文本框特有功能，它可让文字垂直、旋转 90 度和旋转 270 度。

没有"减负"，反而"增负"。

垂直　　　　旋转90度　　　　旋转270度

读者在阅读正文时都是横向阅读，而阅读到修改了文字方向的文本框时，需要改变自己的阅读方向，这样仍然会给读者造成这篇文档难以阅读的印象。

4.1.2　要突出段落，请别用文本框

扫描后观看
视频教程

边框底纹是文本框的第 3 个功能，它可以在文本框的周围添加矩形的边框，并在文本框内部设置底纹。我曾看到很多职场人士将这个功能用于突出某个段落。比如下图所示。

> 　　面对这么用途广泛的 WORD，在使用时发现它并不是那么简单，常常会因为不熟练而不能达到自己想要的效果，如果一个 WORD 文档浪费 20 分钟，每天使用 3 次 WORD，那就是整整一个小时的时间，每天工作才 8 小时，这可占据了全天工作的 1/8。
>
> > 　　这时，很多人开始求助于市面上的培训班、网络上的视频以及一些关于"WORD"学习的书籍。但根据我与上百位的学员和朋友交流后发现，这些培训班、视频和书籍虽然都是围绕 WORD，但是却没有真正让工作省力，没有给他们"减负"，反倒却"增负"了。

利用了文本框的特性来突出某个段落，需要 4 个步骤。

（1）新建一个文本框，输入文字。

（2）调整文本框大小，与其他段落一致。

（3）设置文本框的边框和底纹。

（4）将文本框的文字环绕设置为"上下型环绕"。

其实，Word 文档中突出段落，并不需要使用文本框，段落本身就可以设置边框和底纹。如何操作呢？选中需要设置边框和底纹的段落，单击【开始】选项卡中【段落】选项组中【边框和底纹】按钮旁的下拉箭头，单击【边框和底纹】。在弹出的窗口中单击【方框】，并确保【应用于】【段落】。

然后，单击【底纹】选项卡，在【填充】处设置【浅灰色】，确保【应用于】【段落】，最后单击【确定】按钮。

此时，文档中的段落设置结果与文本框一致，而且还省去了文本框的插入、修改大小和设置文字环绕方式，所以，文本框的"边框底纹"功能在职场中也不需要使用。

4.1.3 在什么情况下才会用到文本框

扫描后观看
视频教程

文本框与普通文字有区别的 3 个功能（文字环绕、文字方向和边框底纹），在职场中都没有发挥作用，所以它是"食之无味"的，但为什么又"弃之可惜"呢？因为文本框并非一无是处。在设计类的文档中，比如期刊、杂志、公司的娱乐报刊等，文本框的 3 个功能完全可以让页面变得丰富多彩。

比如，在一份公司的月刊中，可以使用文本框的 3 个功能来实现页面的设计。

在设计类的文档中，每个页面中有许多小文章，而每篇文章都需要引起读者的注意。这时候，文本框的优势就体现出来了。

综上所述，除了设计类的文档外，在职场中建议不要使用文本框。

4.2 生僻却又熟悉的艺术字

艺术字与文本框一样，都是为了引起读者的注意而突出某些文字。

4.2.1 专业文档中千万别出现艺术字

在 Word 中提供了大量艺术字样式。每一种样式都只需单击【插入】选项卡中的【艺术字】按钮即可。

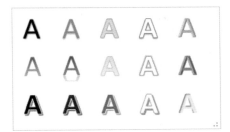

在前文中提到，文本中的文字采用加粗或底纹的方式突出，这样可以在不影响读者正常阅读的情况下告诉读者本文的重点。而艺术字采用了不同颜色的文本填充和文本轮廓，还加以阴影、映像和棱台等多种文本效果，虽然可以突出文字，但却影响到了文档的正常阅读。

所以，在职场的专业文档中，很少会使用艺术字来突出重点。艺术字通常会出现在设计类的文档中，比如告示、期刊、杂志和公司的娱乐报刊等。

4.2.2 用艺术字做告示

利用艺术字的特性，可以制作一些告示张贴在办公室。比如以下几个案例。

观察这些告示，它们都是用较大的字号和特殊的样式来引起人们的注意。比如，现在需要制作一个"营业时间"的告示。

首先新建一个文档，为了能够让告示的文字可以更大，通常会将A4纸横向打印。单击【布局】选项卡中的【纸张方向】按钮，单击【横向】。

然后，单击【插入】选项卡的【艺术字】按钮，单击第2行第4列的艺术字。

在输入框中输入"营业时间 周一至周五 9:00 —17:00"。调整【字体】为【微软雅黑】、【字号】为【72】，然后拖曳艺术字边框，将艺术字放置到页面中央即可。如果需要修改样式，可以单击【格式】选项卡中的【文本填充】【文本轮廓】

和【文本效果】进行自定义设置。

艺术字插入文档中后，默认的文字环绕方式为"浮于文字上方"，也就意味着可以随意在页面中拖曳位置。

完成这个案例后发现，虽然这些告示使用普通文本也能够完成，但艺术字的文字样式更突出，而且更容易拖曳位置。所以在职场中制作告示时，艺术字是首选。

⑥ 专栏：形状样式和艺术字样式如何区分

不管是文本框还是艺术字，在对它们进行格式设置时，都会有【形状样式】和【艺术字样式】。

扫描后观看
视频教程

由于它们的描述方式非常相似，都是以"填充""轮廓"和"效果"结尾，所以在实际使用中，很容易造成混淆。

用一张图来对它们进行区分。"形状"是指整个文本框或艺术字的外框，与文字无关。"文本"是指文本框或艺术字内的文字。"填充"就是背景色，"轮廓"就是边框，"效果"就是阴影、映像等渲染效果。

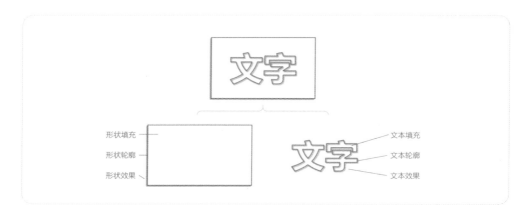

4.3 Word 不生产形状，只是使用形状

除了文本框和艺术字外，Word 软件还提供了各种各样的形状。

虽然 Word 提供了那么多的形状，但是如果单独使用某一个形状来承载文字的话，就变成了一个异型的文本框，适用于设计类的文档；如果应用于职场中的专业文件，则会扰乱了读者对文档的阅读。

但是如果将多个图形进行组合，则可以帮助职场人士解决很多应用难题，较为常见的应用有 3 种：逻辑图形、示意图和公章。

本章将会针对这 3 种应用，各制作一个案例。

4.3.1 尽量不要在 Word 中使用形状

在 Word 中使用多个形状来制作逻辑图形、示意图和公章会出现 3 个问题：影响显示、难以多选和图形跨页。

扫 描 后 观 看
视 频 教 程

问题 1：影响显示。在 Word 中插入图形默认文字环绕方式是"浮于文字上方"，这样会影响文档正文的显示，而如果手动修改，修改那么多的形状会浪费很多精力。

经过分析，发现培训、视频和书籍大都围绕，"word 的这个功能是什么，我们该怎么用"。这样围绕"功能"的讲解方法虽然简单，但　　形状　　么多的支离破碎的知识，而在职场中真正面对实际问题时，就会出现　　　　　用的时候忘"的境地。

问题 2：难以多选。在 Word 中，需要使用 "【Ctrl】+ 单击" 的方式进行多选，逻辑图形、示意图和公章是由许多形状组成的，这样非常耗费精力。

问题 3：图形跨页。在 Word 中，图形所在位置是根据换行符定位的。当文档文字较多时，会将图形延后，当图形正好在跨页部分是，会出现图形有一半不能显示的情况。

综上所述，形状并不适合在 Word 中直接使用。那么逻辑图形、示意图和公章在哪里制作呢？便于形状制作的软件是 Office 系列的 PPT 软件。

在 PPT 中，形状在 Word 里的 3 个问题就不存在了。PPT 本身就是以可拖曳的文本框、形状和图片等元素为内容，不存在影响显示的问题；在 PPT 中可以方便地进行多选图形——直接通过鼠标画区域来选中；PPT 不会因为其他元素而将图形延后，也就不会出现图形跨页的情况了。所以，制作多个形状的首选软件是 PPT，而不是 Word。

虽然本书围绕的是 Word，但我们的目标是用 Word 来解决职场中的问题，如果能在 PPT 中解决使用图形的问题，为什么还要花费大量的精力去迎合 Word 呢？

4.3.2　怎么用形状自由地做逻辑结构

本书需要制作以下逻辑图形。

它是由 3 个圆角矩形和 2 个带箭头直线组成的，看似简单的图形却让读者一目

了然。

为什么不用上一章中的 SmartArt 来完成呢？如果使用 SmartArt 的"流程"图形来完成以上逻辑，结果如下。

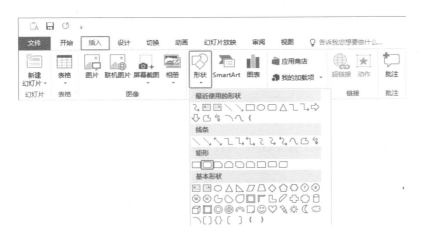

以上的 SmartArt 图形无法显示虚线，无法让读者感觉原有虚线带来的意思：Word 的目标是解决工作实际问题，经过长时间的积累和其他因素，职业生涯才会得到发展。

所以，SmartArt 的功能是显示逻辑较为简单的图形。当逻辑较为复杂时，SmartArt 就没有形状那么"自由"地显示了。

既然无法用 SmartArt 来完成以上图形，那么用形状如何在 PPT 里完成它呢？单击 PPT 中的【插入】选项卡，单击【形状】中的【圆角矩形】。

绘制一个圆角矩形，并设置【形状填充】为【无】，【形状轮廓】为【1.5 磅】【蓝色】，然后将它复制 3 个，分别输入文字"Word""解决实际问题"和"职业生涯发展"，并设置 3 个图形垂直居中，横向分布。

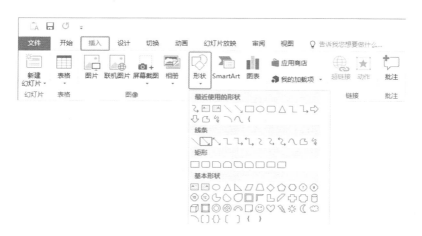

然后，单击【插入】选项卡中的【形状】按钮，单击【箭头】。

在绘制箭头时，初始端定位到第一个形状的右侧，箭头会自动吸附，结束端也同样操作。然后将带箭头直线设置为粗细 1.5 磅、蓝色，箭头设置为大号。

复制该带箭头直线，拖曳到相应位置，并设置为【短划线】。

设置完毕的逻辑图形如何放到 Word 中呢？如果采用复制并直接粘贴到 Word 中，Word 中的形状会发生错位。

为了规避这样的问题，将逻辑图形复制到 Word 中时，均采用图片的方式。首先，在 PPT 中复制逻辑图形，然后在 Word 文档中"面对市场上这样……"段落

后新建一行，单击鼠标右键，在弹出的菜单中单击【粘贴为图片】按钮。

　　插入的逻辑图形需要调整格式。将光标停留到图片前方，在键盘上按【BackSpace】键，删除首行缩进，再用鼠标拖曳图片的右下角缩放图片，然后居中即可。

　　插入 Word 文档的逻辑图形以一个图片的方式存在，既不会影响文字显示，也不会存在多选形状的问题，而且也不会出现跨页显示被遮住一半的现象。在 PPT 中制作形状，然后将它以图片的方式粘贴到 Word 文档中，完美地解决了制作高自由度逻辑图形的问题。

4.3.3　为内容设计示意图

　　在一篇专业的职场文档中，为了能够提高文档的可读性，通常会使用许多示意图让内容摆脱枯燥的文字。示意图是什么呢？顾名思义，它是可以直接将文档内容"可视化"的一种图片。

　　比如，在"如果围绕……"段落下方插入以下示意图。

　　该示意图将段落内容"可视化"，读者可以一目了然地了解这个段落的主旨，而让文字作为这个图形的补充内容，这样的文档显得既丰富又专业。

　　示意图从哪里来呢？如果在网上查找，往往需要花费很久才能找到能明确表达你意思的图片。与其听天由命地祈祷能找到这样的图片，还不如在 PPT 中根据自己的意愿制作一张示意图。

　　打开 PPT，单击【插入】选项卡中的【形状】按钮，选择【圆形】。

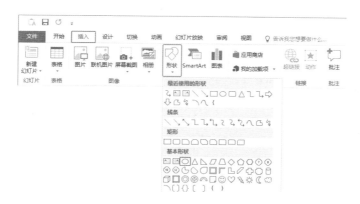

在绘制圆形时按住【Shift】键，可以绘制出宽高一样的正圆，然后设置【形状轮廓】为【蓝色】【1.5 磅】。复制另一个圆形到下方，调整大小如下图，然后绘制一个矩形，设置为【无轮廓】，白色填充，将下方的圆遮住一半，即可完成人的图形。

然后，依次插入文本框、圆角矩形和箭头，并设置如下。

为了能够突显这两组图形中，左侧的是正确的，右侧的是错误的，将左侧图形的颜色设置为蓝色，将右侧图形设置为灰色。但是当文档被打印出来时，就会无法分清两组图形的对错了，所以通常还会加上易于分辨的"√"和"×"。

在 PPT 中插入直线。按住鼠标左键并在键盘上按住【Shift】键，向右下角拖曳，绘制一个 45 度的直线，设置为【蓝色】【2.5 磅】。然后将其复制到旁边，单击【格式】选项卡【旋转】按钮下的【向左旋转 90°】。

然后，按住【Shift】键拉长旋转后的直线，并通过拖曳将它们合并到一起，形成一个"√"。

用同样方法制作一个"×"。

然后，将"√"和"×"分别拖动到相应位置，并将"×"设置为灰色，即可完成整张"示意图"。将它们复制，并在 Word 文档中粘贴为图片，即可完成所需的示意图制作。

利用图形可以制作出成千上万种示意图，而比较常用的图形就是矩形、圆角矩形、带箭头直线、直线和圆形。通过这些基本图形，可以在职场的文档中一目了然地突显枯燥文字的主旨，让文档变得丰富而专业。它的步骤就是在 PPT 里做示意图，在 Word 里粘贴为图片。

🔓 专栏：如何为文档定制图章

在职场中，如果是一份公司出具的文件，可能需要在文档中添加公章，这样做有两个好处：一是读者可以在电子版的文档中看到公章，让他们感觉到文档的可信度很高；二是当文档需要被打印多份时，就不需要在每页上盖公章了[1]。

扫描后观看
视频教程

通常职场人士都会求助于专门的制图软件，但其实 PPT 就可以完成。比如制作以下图章。

---
1 打印出来的公章不具有法律权益。

这个图章有 3 个部分组成：圆形、五角星和圆形文字。打开 PPT，插入圆形和五角星。

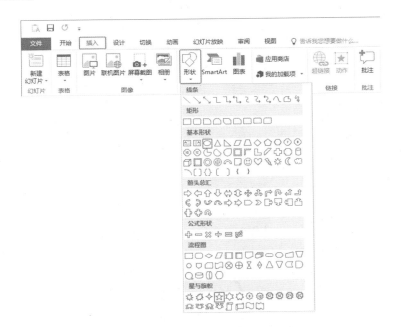

根据图章的实际大小，设置圆形的【高度】为【4 厘米】，【宽度】为【4 厘米】，【形状轮廓】为【4.5 磅】【深红色】。五角星的【高度】为【1 厘米】，【宽度】为【1 厘米】，【形状填充】为【深红色】。

插入文本框，输入"某某企业管理咨询有限公司"，根据实际图章的样式，设置文本框大小为【高度】为【2.7 厘米】，【宽度】为【2.7 厘米】，字体为【宋体】，字号为【16】，颜色为【深红色】。单击【格式】选项卡中的【文本效果】按钮，

单击【旋转】中【跟随路径】组的第 3 个图形。通过拖曳图形上方的【旋转】按钮，将文字空隙左右对称。

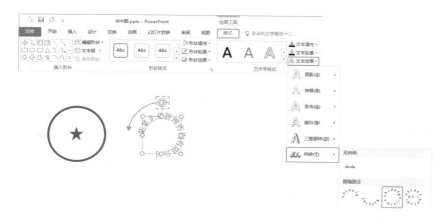

然后将 3 个图形设置为【垂直居中】【水平居中】，结果如下图所示。

最终将该形状复制，然后到 Word 文档中粘贴为图片，并设置为【衬于文字下方】，即可实现文档中有电子版图章了。

专栏：文本框、艺术字和形状"三兄弟"的异同

之所以把文本框、艺术字和形状称为三兄弟，是因为它们在 Word 软件中的设置是完全一样的，它们公用着一个选项卡——格式。

扫描后观看
视频教程

　　这也就是说，在一个文本框中也可以设置漂亮的艺术字，而艺术字加上形状轮廓看上去就像一个文本框，如果将形状的填充和轮廓去除，那么它和文本框无异。

　　文本框、艺术字和形状都有着相同的设置操作，只是默认格式不同。如何区分它们的使用场景呢？通常在使用时，如果需要特殊的外形，则使用形状；如果需要漂亮的文字，则使用艺术字；如果需要正方形的框，则使用文本框。

　　在实际使用中，文本框、艺术字和形状还有一个共同的禁忌：不要在专业文档中出现。

4.4 首字下沉不该出现在专业文档中

扫描后观看
视频教程

　　除了文本框、艺术字和形状这"三兄弟"外，Word 还有一个功能建议也不要出现在专业文档中，那就是首字下沉。

4.4.1 设计类文档用首字下沉突出文档的开始

　　首字下沉作为从 Office 97 开始就有的功能，被一直沿用至今，它的样式如下。

> **很**多人都认为 WORD 是一个很简单的工具，似乎会打字就可以说自己会用 WORD 了。可在使用 WORD 真正处理工作事项时，你会发现的使用频率极高，比如以下 6 个使用场景：

　　首字下沉的作用是为了引起读者的注意，它通常会在设计类的文档中出现，如果一页中有多篇文档，那么首字下沉就可以告诉读者这篇文档的开头在哪里。

　　如果需要将本书中的首个段落设置首字下沉，如何操作呢？将光标停留到第一段，单击【插入】选项卡中的【首字下沉】按钮，并单击【下沉】即可实现。

4.4.2　职场文档通常不需要首字下沉

　　首字下沉的目的是为了能够引起读者的注意，突出文档的开始，通常是在杂志、报纸或者公司期刊等设计类文档中出现。

　　在职场中通常不会出现在一页中有多个文档的情况，所以职场文档中不需要首字下沉，本书案例设置的首字下沉仅仅作为演示功能所用，实际情况下不需要使用首字下沉。

　　如何将已经设置首字下沉的文字恢复原状呢？将光标停留到第一段，然后单击【开始】选项卡中的【首字下沉】按钮，并单击【无】。

　　取消首字下沉后，段落的首行缩进也被删除了。此时，使用前文的方法，再次设置第一段的首行缩进。

4.5 好用的图表到底该在哪里完成

扫描后观看
视频教程

　　Word 文档中常见的 5 个误区的最后一个就是图表，它是一种将数据直观形象地进行可视化的手段。职场中的图表有两个功能：对职场信息进行数据分析和给读者提供直观感受。

4.5.1 在 Excel 里完成职场信息的数据分析

面对"数据分析"这个名词，你可能并不是很熟悉，可以通过以下案例来了解它的魅力。

打开本书电子资源中的"数据分析案例 .xlsx"文件，其中有 588 行产品销售数据，如果直接面对这海量的数据，几乎没有人能够找到其中的规律，也不能做出任何的分析。而如果对这些数据设置"数据透视表"和"数据透视图"后，就可以分析这 588 行数据了。

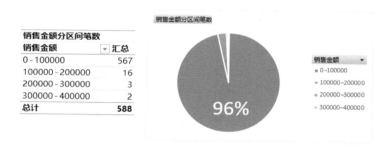

从上图可以得出，销售额在 0 ~ 100 000 的笔数占到了公司销售笔数的 96%，而销售额在 300 000 ~ 400 000 的只有 2 笔。如果将这 2 笔销售订单的销售精英的经验分享给 96% 的销售人员，那么公司的销售业绩可以得到大幅度的提升，通常可以让这 2 名销售人员进行经验分享，或者在人力资源管理部门的帮助下举办一次培训，以实现公司销售额的增加。[1]

从无法分析的 588 行基础数据，到最后的决策制定，图表整个过程中起到了很大的作用。这些基础数据存储在 Excel 中，整个数据分析所需要的数据透视表和数据透视图也都是在 Excel 中完成的，并非在 Word 中。用于数据分析的图表都是在 Excel 中完成，然后将图表复制到 Word 中，形成一个有文字介绍并且可以用于打印的数据报告。

在将 Excel 图表复制到 Word 中时，Word 可以实现与 Excel 数据的联动，也就是当 Excel 中的数据发生变化时，Word 中的图表也会发生变化。

---

1 如果你对数据分析与汇报的内容感兴趣，详见图书《Excel 数据控的高效分析手册》。

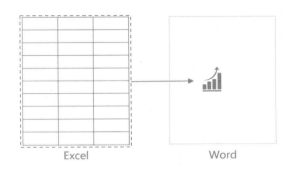

这样的效果看似很人性化，但在职场中却经常出现问题。作为 Word 文档的数据报告是对某一时刻的数据进行文字汇报，比如数据汇报的时间是在 2020 年，而对于 Excel 来说，修改数据是非常频繁的。假设到了 2021 年，Excel 中的数据已经发生了改变，Word 中的图表也会自动改变，数据报告中的文字围绕的是 2020 年的数据，而图表却显示的是 2021 年的数据。这一切都是自动发生的，你并不会意识到这一点，当你把数据报告作为 2020 年的工作业绩打开查看时，会导致很多的误解。

所以，将 Excel 中的图表复制到 Word 中时，更建议采用图片的方式，这样可以将 Excel 和 Word 完全分离，不会互相影响。粘贴时单击鼠标右键，单击【粘贴为图片】按钮即可。

4.5.2　在 PPT 里完成直观感受的形状图表

Excel 中的图表可以帮助读者对职场信息进行数据分析，并且可以给读者提供直观感受，而给读者提供直观感受的图表一定要在 Excel 中完成吗？比如下图所示的图表。

以上都是饼分图，但不是通过 Excel 的"图表"功能生成的，而是在 PPT 中通过形状来完成的，我把它们称为"形状图表"，比如上图的饼分图就是通过一个文本框、一个圆环、一个圆形和一个扇形组成的。

你也可以用直线、矩形和文本框来完成柱形图、条形图等。

"形状图表"能够起到图表的作用，给读者提供直观感受，并且制作时自由度更高。而这种"形状图表"的基础是"形状"，在 PPT 中制作"形状"比 Word

中更方便，所以，在制作给人直观感受的"形状图表"时，在 PPT 中先制作完，然后将它们在 Word 中粘贴为图片。

4.5.3 在 Word 中做图表示意图

数据分析的图表在 Excel 中完成，用于直观感受的"形状图表"在 PPT 中完成，难道在 Word 中就不能完成图表了吗？有一种情况需要在 Word 中做，那就是"图表示意图"。比如在本书案例中需要在"面对用途广泛的 Word……"段落后插入一个图表。

示意图的作用是用图形来突出段落的主旨，而"图表示意图"是用图表来制作示意图，比如上图就是用一个饼分图来突出"浪费的时间占据了全天工作的 1/8"。

图表示意图与 Excel 中的图表不同，它不需要精确的数据。它与 PPT 中的"形状图表"也不同，因为它不是形状，而是真正的图表。

如何完成案例中的图表示意图呢？单击【插入】选项卡中的【图表】。

在弹出的窗口中单击【饼图】并单击【确定】按钮。

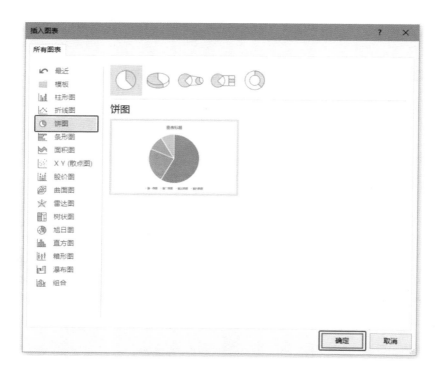

删除图表中的图表标题和图例，并在图表数据中输入 8 个"1"。

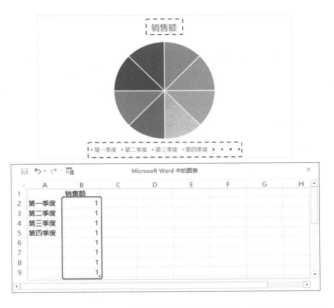

单击饼分图中的扇形，设置形状填充为【浅灰色】，再次单击其中一个扇形，设置形状填充为【深灰色】。然后调整图表大小，将图表的形状轮廓设置为【无轮廓】，删除图片前的首行缩进并将图表居中即可。

　　本章罗列了职场人士对文本框、艺术字、形状、首字下沉和图表这 5 种工具的误解，并且提供了这 5 种工具的真正使用场景与方法。至此，整篇文档已经基本制作完毕，在下一章中介绍文档传播的 8 个窍门，帮助你实现升职加薪。

05

升职加薪的秘诀
——文档传播的 8 个窍门

完成了整篇文档的设置后，接下来就要将文档进行传播。对于文档的传播方式而言，可以分为网络和纸质两种传播方式。在传播之前需要确保文档的文字准确、页面易读美观；在文档中体现自己的知识版权；锁定文档的显示，保证显示正确；甚至是不让别人复制，以保护自己的工作成果；进行纸质传播时还要将较多的纸张装订成册。这些就组成了本章的 8 个窍门，它们可以帮助你把自己的工作成果最大化，让你在职场中脱颖而出，从而实现升职加薪。

本章将要介绍文档传播的 8 个窍门，具体如下图所示。

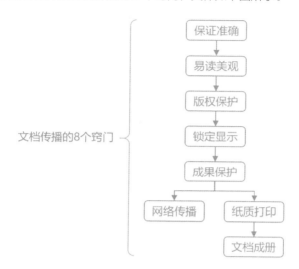

5.1 保证准确——免费聘请 Word 做审稿人

　　文档在编写过程中难免会有错误，但当一篇文档被上司或客户阅读时，每一个错误都会降低他们对你的信赖，如果一个 2 页的文档出现 3 个错别字或语句不通顺，那么他们的心里就会觉得你对工作不上心。

5.1.1 蓝色波浪线和红色波浪线是在帮助你

　　为了防止上司或客户对你产生不良的印象，在文档编辑完毕后，应自己先通读一遍，以防出现错误。然而，自己写的文档自己很难能找出其中的错误，比如下页图所示的这句话，很少有人能够一眼就找出其中的错误。

乍看之下这句话没什有么错误

我还看到很多职场人士将自己的文档给同事看，这样能够尽可能地提高文档的准确率，但这样的方法会影响其他人的正常工作。

有没有一个能够随叫随到的"审稿人"，而且它做事严谨，能检查出文档中的各种小错误呢？Word 软件就可以做到，而且在你打开文档时，它已经默默地完成这件事了。

打开本书电子资源中的"Word 审阅 .doc"文件，发现文档中含有红色波浪线和蓝色波浪线。

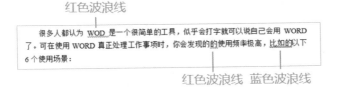

Word 作为"审稿人"，它并不知道你在文档中想表达的意思，所以它会尽可能地罗列出它认为错误的地方，并且将较为确定的错误标注为红色波浪线，比如英文单词拼写错误、语法的重复错误或者易错词等；而不确定是否真的是错误的地方，采用蓝色波浪线标注，比如输入错误或特殊用法等。

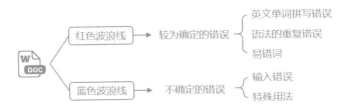

比如在"Word 审阅 .doc"文档中，"WOD"和"的"就是较为确定的错误，而"比如的"就是不确定的错误。

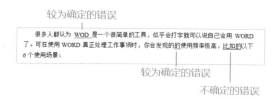

在职场文档的处理中，不用去管红色波浪线和蓝色波浪线，更不用管具体错误的原因是单词拼写错误还是语法错误等，只需要知道所有带波浪线的地方都有可能发生错误，需要一个个去检查即可。

5.1.2 与 Word "审稿人" 一起逐个检查文字错误

Word "审稿人" 虽然将它认为的错误都标注出来了，但是如果自己去一个个检查，可能会发生遗漏，有没有什么办法可以逐个检查错误并进行修改呢？

单击【审阅】选项卡中的【拼写和语法】按钮。

文档首先定位到了第一个错误 "WOD"，在左侧出现了【拼写检查】的窗格。Word 提供了全面的修改功能，而常见的操作只有 3 种。

（1）手动修改错误。快速将错误修正，但是只能修改这一处，文档中相同错误需要再次修改。

（2）单击【添加】按钮，将单词添加入词典，让其他文档也不报错。这类单词通常是一些专有名词，将它添加入 Word 文档的词典，那么以后其他文档都不会对该单词报错。

（3）单击【全部更改】按钮，在备选单词框中选择一个正确单词，然后将整篇文档中所有的该错误一并修改。

如果手动修改"WOD"为"Word"后，旁边的【拼写检查】窗格会变成下图，此时单击【恢复】按钮，让 Word "审稿人"继续进行"拼写和语法"的检查。

此时，Word "审稿人"会进入下一个错误的审阅。而对于"重复错误"，Word 提供了详尽的修改方式。职场中常用的修改方式有 2 种。

（1）手动修改。快速将错误修正，但是只能修改这一处，文档中相同错误需要再次修改。

（2）单击【词典】按钮，将当前文字添加入词典，让其他文档也不报错。这类文字通常是一些专有名词，将它添加入 Word 文档的词典，那么以后其他文档都不会对该文字报错。

本案例中多了一个"的"，将该文字删除。

以此类推，依次修改 Word 检查出的错误，直到文章的最后一个段落。根据 Word 给予的错误提示，发现文中的"看做"应该是"看作"，此时可以采纳 Word 的提示，单击【更改】按钮即可完成。

Word 作为一个随叫随到的"审稿人"，可以与你一起逐个修改文档中常见的错误，从而保障文档的准确性。

专栏：在文档创作时去除 Word 的波浪线

在职场文档的创作时，需要集中注意力去进行文字的创作和内容的整理。当新建 Word 文档时，Word 就会进入"审稿人"的状态，实时地检查文档中的细微错误，就像你正在专心地写着下一年度的公司营销策划，而旁边老站着一个人，在你耳边低声细语："这里的字你打错了。"这样会分散你的注意力，打断你的思路。

所以，可以在文档创建时关闭 Word 的"拼写和语法"功能，当文档创作完毕后，再让 Word"审稿人"进行检查。

如何关闭文档的"拼写和语法"功能呢？单击【文件】选项卡中的【选项】按钮，在弹出的窗口中单击【校对】，取消【在 Word 中更正拼写和语法时】的所有选项，并单击【确定】按钮。

此时的文档中就不会出现红色或蓝色的波浪线，你可以专心地进行文档创作。当文档全部完成后，再打开该选项，重新勾选所有复选框即可。

免费聘请 Word 作为"审稿人"完成文字的校对后，接下来就是调整文档的页面设置，让文档更加易读和美观。

5.2 易读美观——职场中体现专业的文档长什么样

通过对文档的文字、行距、段落和首行缩进的设置，已经让文档易于阅读了。除了这些基本的文字操作外，在完成文档后，对文档的页面进行设置也可以增加文档的易读性和美观性。

5.2.1 舒适的页边距可降低阅读疲劳

扫描后观看
视 频 教 程

页边距就是文字与纸张边界的距离，它由 4 个方向组成。在文档创建之时，Word 就会自动给文档添加页边距。

而在多年对职场人士的辅导中，我经常看到很多人会缩减这些页边距，为的就是能够让页面上显示更多的文字内容。

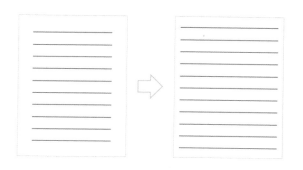

虽然较小的页边距可以节省空间，甚至可以减少打印页数，但是文档存在的目的是为了给读者查看，页面上的页边距越小，也就意味着读者在一个页面上获取的信息会越多，这样会导致读者在阅读文档时产生疲劳。如果是你的上司或者你的客户在阅读页边距较小的专业文档时，会造成"你的工作内容难以解读"的错误印象。这就与你的职场目标背道而驰了。

专栏：快速调整页边距的利器——标尺

　　一篇文档在创建时会自动设置页边距，上下为 2.54 厘米，左右为 3.17 厘米。

扫 描 后 观 看
视 频 教 程

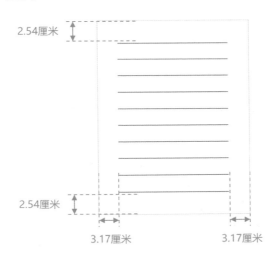

　　使用默认的页边距就可以应付大部分的职场情况了，但是在特殊情况下，需要调整页边距以适应文档中的元素，比如某个表格较宽，普通的页面位置放不下；图片中的细节较小，放大图片后会超出页面区域，还会影响排版。当遇到这些情况后，就需要调整页面的页边距，这样可以让文档有更大的空间来放置表格和图片。

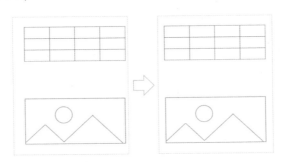

　　单击【布局】选项卡，然后单击【页面设置】按钮，并调整【上】【下】【左】

和【右】的数值。

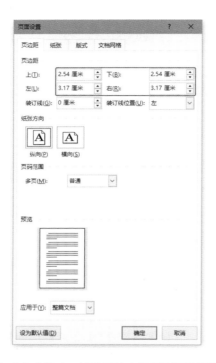

但是，这种调整方式有个弊病，就是无法实际看到页边距的变化是否符合要求。这样会导致需要修改多次后才能让文档正好显示表格和图片的内容。有没有什么方法可以可视化地调整文档的页边距呢？

打开本书案例"标尺.docx"文档，单击【视图】选项卡，勾选【标尺】复选框。

在功能区的下方有一条标尺，这条标尺的底纹分成三段，两边为灰色，中间一段为白色。灰色部分就代表左右两边的页边距，白色部分就代表正文的宽度。如果想要调整左右页边距，将鼠标移到灰色和白色的交界处，当鼠标指针变成双箭头时，按住鼠标左键直接拖曳即可完成页边距的可视化设置。使用同样的方法，调整左侧标尺可以调整页面的上下页边距。

标尺的功能除了能够快速调整页边距外，还可以调整页眉页脚位置、首行缩进和项目符号与数字编号的位置。

双击页眉，进入页眉编辑状态，左侧标尺分成三段，每段的背景色不同，中间一段为白色，上下两端为灰色。白色部分为页眉的高度，鼠标指针移到上段灰色与白色的交界处，当鼠标指针变成双箭头时，按住鼠标左键直接拖曳可以增加或减少页眉的高度。不建议拖曳下段灰色与白色的交界处，因为那会影响页面的上边距。使用同样方法可以调整页脚的位置。

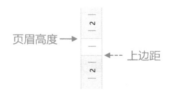

如何通过标尺来可视化地调整首行缩进呢？选中前两段文字，观察标尺，标尺上有 3 个图形，拖曳上方的图形就可以完成对首行缩进的快捷操作。

标尺下方的两个图形为调整悬挂缩进和调整左侧缩进，在调整文字时极少使用，而调整项目符号与数字编号则是非常常用。选中文档中的数字编号内容，通过拖曳标尺中的中间图形，即可增加或缩减数字编号与文字之间的间隙。同样的方法也适用于项目符号。

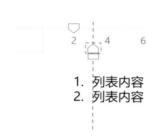

1. 列表内容
2. 列表内容

综上所述，标尺在职场中一共有四大功能：调整页边距、页眉页脚位置、首行缩进和项目符号与数字编号的位置。

5.2.2 超过 1 页的文档都需要页码，而且还要显示总页数

职场中的很多文档只需要一页就能全部显示完毕，比如部门通知、调休单和用印申请等。当文档超过 1 页时，不管是否需要打印，都会给读者带来两个困扰。

扫描后观看
视频教程

（1）当前页面是第几页?

如果一篇文档较长,读者需要知道自己已经阅读到第几页了,并且还需要对每页进行定位和标记。比如,读者可以明确知道"我已经看到第 3 页了",或者可以告诉其他人"第 5 页的内容很不错"。

（2）总共有多少页?

只有知道总页数,读者才能知道自己的进度如何。在职场中经常会发生页面纸张遗漏的情况,原本打印出 10 页的文件,最后给到客户手中却是 9 页,但自己却没有发现。

为了规避以上两个问题,就需要给文档添加页码并标注总页码。那如何操作呢?

在本书案例中,单击【插入】选项卡的【页码】按钮,单击【页面底端】中的【加粗显示的数字 2】。

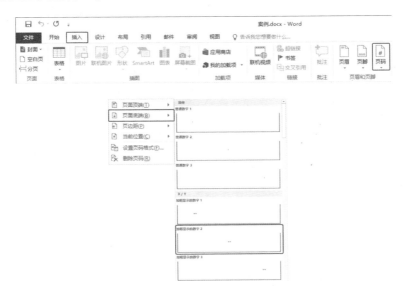

此时,Word 会自动在页面底端插入"当前页码 / 总页码"格式的页码。

当前页码　总页码

观察当前文档，Word 并没有在封面处加入页码，这样是非常智能的。

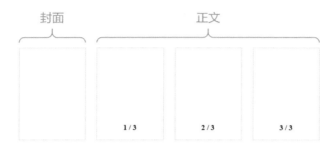

专栏：自制封面的首页页码如何去除

如果文档的封面是采用 Word 的内置封面，则 Word 不会在封面中标注页码。而如果文档的封面是自己手动设置的，那么 Word 文档无法知道第一页是"封面"，所以会在第一页上也添加页码。如本书电子资源中的"自制封面的文档 .docx"。

扫描后观看
视频教程

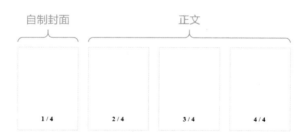

如何能够去除文档第一页的页码呢？双击任意页面的页码，进入页脚的编辑状态，勾选【设计】选项卡中的【首页不同】复选框。

此时，封面的页码已经被去除了，但是观察第二页页码，发现当前页是"2"，而且总页数还是"4"。

首先解决正文第一页应该从"1"开始编号的问题。光标停留在第一页页码处，单击【设计】选项卡中的【页码】按钮，并单击【设置页码格式】。

在弹出的窗口中选择【起始页码】单选框并设置为"0"，则第一页自制封面的页码为"0"，那么第二页正文开始的页码就为"1"了。最后单击【确定】按钮。

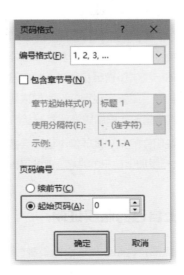

此时，已经解决了正文第一页应该从"1"开始编号的问题。接下来就要解决

总页数不正确的问题，文档的总页数"4"是 Word 经过计算得来的，此时只能手动将"4"删除，修改为"3"。最后在键盘上按【Esc】键退出页脚编辑状态。而手动修改总页码就意味着当文档总页数发生改变时，必须手动更新为最新的总页数。

综上所述，自制封面的首页页码去除需要经过 3 个步骤：一是设置页码"首页不同"；二是设置起始页码为"0"；三是手动修改总页码。

一篇专业的文档除了文档正文的设置以外，还需要设置页边距和页码，才能让文档更加易读而且美观。

5.3 版权保护——将自己的姓名放到文档中

职场中的一篇文档需要经过长时间的创作和修改才能最终成型，里面包含了作者多年的经验和心血。我的一个学员曾经和我说，她自己花费了三天写出来的新产品市场策划案被主管直接剥夺，主管向经理汇报时说这是他一个人花了很多时间完成的。这位学员在描述这件事情时，眼睛里还留着一丝愤怒。

我安慰她说，这一切说明你的策划案非常不错才会被主管看上，并剥夺了你的"版权"。如果能在你的文档里加上自己的姓名，那就可以进行文档的版权保护了。

5.3.1 在页眉里加上自己的版权证明

页码处于文档页面的底部，这个区域称之为页脚；与页脚相对应的就是文档的顶部，称之为页眉。页眉和页脚的特点就是会在文档的每一页都显示。

扫描后观看
视频教程

在职场中，页脚通常只会放置页码，而页眉则作为每个页面最上方的区域，是读者在对文档进行解读时最先看到的位置。

比如，在一篇个人文档的页眉处放入作者姓名，如下图所示。将作者姓名直接输入在文档的页眉处可以时刻提醒读者，这篇文档的版权所有者是谁。

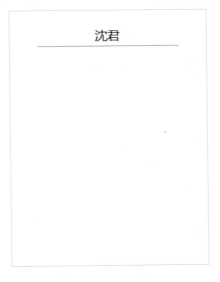

如果是代表部门的文档，比如部门业绩汇报、部门收支情况简介等，此时文档的作者是部门，需要在页眉处输入公司名称和部门名称。

公司名称　　部门名称

如果是两个公司之间的合同，则它的作者是两个公司，需要将两个公司的名称输入页眉中，并习惯于将合同的甲方放在左侧，乙方写在右侧，以适应读者从左至右的阅读习惯。

甲 公司名称　乙 公司名称

当一篇文档的作者版权不会被剥夺时，就不需要在页眉中添加自己的名字了，比如印刷出版的图书或杂志，会在页眉中书写当前文档的名称和当前页面所在章节的标题。

比如本书的案例，需要将作者添加至页眉中，单击【插入】选项卡中的【页眉】按钮，然后单击第一个样式。

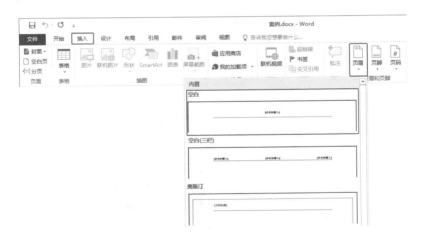

在"[在此处键入]"位置中输入自己的姓名，并调整字体为微软雅黑。在键盘上按【Esc】键退出当前编辑页眉的状态。此时观察文档的每个页面，除了封面以外，所有的页面都在页眉处出现了文档作者的姓名。

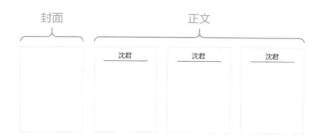

5.3.2 让页眉不影响文档的阅读

虽然页眉在文档中显示为灰色，但是在打印时，页眉仍然是黑色，这样会给读者产生阅读的困扰，分不清页眉是不是文档正文的一部分。

为了将页眉文字区别于文档正文文字，通常会将页眉的文字设置为灰色，并将页眉的横线也设置为灰色。

如何设置文字颜色呢？双击页眉进入页眉编辑状态，选中文字，将文字设置为【灰色】。

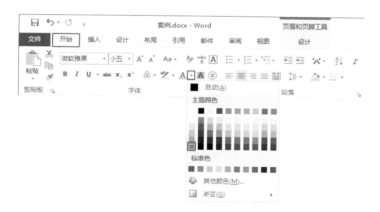

如何设置页眉横线的颜色呢？页眉横线其实就是一个边框线。在页眉处使用【Ctrl+A】组合键全选文字，然后单击【开始】选项卡中的【边框和底纹】按钮右侧的下拉箭头，单击【边框和底纹】选项。

　　在弹出的窗口中单击【颜色】，选择【灰色】，并单击【下框线】，最后单击
【确定】按钮即可。

　　在键盘上按【Esc】键退出页眉编辑状态，此时就完成了整个页眉的设计与美化。

🔒 专栏：自制封面的文档的页眉如何插入

在自制封面的文档中插入页眉会怎么样呢？打开本书电子资源中的"自制封面的文档 .docx"文件，双击页眉处进入页眉编辑状态。

扫描后观看
视频教程

自制的封面页眉处提示文字为"首页页眉"，而正文的提示文字为"页眉"，这是因为在设置页码时，设置了"首页不同"，所以自制封面与正文的页眉是不一样的。

此时，需要给正文添加页眉，而封面不需要。在文档正文的第一页处，通过以上方法插入页眉，并设置颜色为灰色，横线为灰色。

🔒 诀窍：顽固的页眉横线怎么删除

许多职场人士都向我反映，从网上下载的一些文档都有页眉，他们将页眉中的文字全部删除后，页眉的横线仍然存在。

扫描后观看
视频教程

如果文档中没有页眉文字，而只有页眉横线，那么会影响文档的专业度。如何删除这条页眉横线呢？

上文说到页眉横线的实质是一根边框线，只需要将这根边框线删除即可。比如本书电子资源中的"网络文件 .docx"，打开该文件，双击页眉区域进入页眉编辑状态，在键盘上按【Ctrl+A】组合键全选页眉所有内容，然后单击【开始】选项卡中的【边框和底纹】按钮右侧的下拉箭头，单击【无框线】选项。

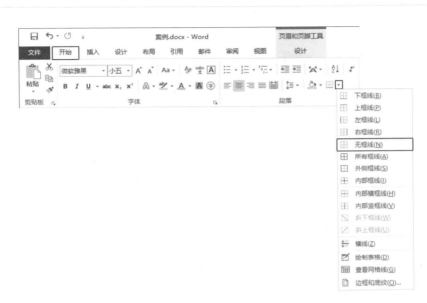

任何情况下，采用"无框线"的设置都可以去除页眉横线。

5.3.3 为文档添加作者信息

在页眉中添加自己的姓名可以保护文档的版权，而页眉需要将
文件打开或打印时才会被看到，有没有什么方法可以在文档不被打
开时，就能显示作者呢？比如在文件夹中以"详细信息"的方式查
看时，可以看到文档的作者信息。

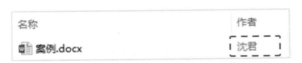

鼠标指针滑过文档时出现的提示信息中，出现文档的作者信息。

或者在文档上单击鼠标右键，在详细信息中，查看到作者的信息。

如何给文档添加作者信息呢？单击【文件】选项卡，在【作者】一栏已经自动将 Word 中的用户名作为作者。

如果【作者】显示的并不是自己的名字，可以在该人员名字上单击鼠标右键，然后单击【删除人员】，然后在输入框中输入自己的姓名。

虽然在文档页眉和文档信息中可以加入作者的信息，但是在电子版的文档中，页眉和文档信息是可以被修改的，所以这样的版权保护力度较弱，如果想要加强文档的保护力度，详见下一章节。

5.4　锁定显示——确保文档显示正确

在职场中，文档会在多个人员之间进行传输和查看。在文档传输过程中，经常会出现两个问题，一是文档中的字体显示错误，另一个就是文档的格式发生错乱。

这两个问题都不是人为造成的，但最终都导致自己做的文档在其他人那里就面目全非了。所以本节就提供锁定文档的显示状态的方法，以保证文档显示正确。

5.4.1 将字体嵌入文档中

为什么某些字体在自己制作文档时显示得好好的，而到了其他人的电脑里，都会变了模样呢？这是因为其他人的电脑里没有该字体的缘故。比如你在文档中将文档标题设置了"微软雅黑"字体，而其他人电脑中没有这个字体，那么在其他电脑中就会用 Word 默认字体显示。

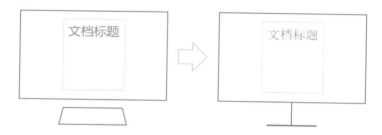

这样就会导致别人看到的文档结果和你设计的显示结果不一样，造成很多麻烦，特别是某些字体的默认格式相差很大，会导致整个文档的排版错乱。比如"微软雅黑"默认行距比"宋体"要大很多。

为了避免出现这样的问题，难道要把自己 Word 文档中所用到的字体连同文档一起发送给对方吗？对方不一定会安装字体，而且这样会给其他人带来不好的印象：看你的文档还要安装字体，真麻烦。进而会影响你的职场形象：你是给别人带来麻烦的人，而不是给别人减少麻烦的人。

这时，我们可以将字体嵌入文档中，让其他人在不安装字体的情况下，也可以正确显示文档。

单击【文件】选项卡，单击【选项】按钮。在弹出的窗口中单击【保存】，将滚动条拖动至最后，勾选【将文字嵌入文件】复选框，并单击【确定】按钮即可。

5.4.2　让 Word 文档只能看，不能改

在解决了字体显示错误的问题后，接下来要解决的就是文档显示错乱的问题了。比如你在家里精心制作了一份应聘文件，到了打印店，却发现文字、表格、标题和图片等全部错乱了，这时只能在打印店里当场修改，耗时耗力。如果在职场中，你将一份排版整齐的公司报价方案发给其他公司，对方看到的文档却是错乱不堪的，那将直接影响项目的进展。

扫描后观看
视频教程

文档错乱的原因是什么呢？这是因为不同电脑的 Word 软件的默认设置不同，比如各样式的默认设置、页边距和行距的默认值等，特别是在 Word 的不同版本之间，差异尤为严重。比如在 Office 2016 软件里完成的文档，在 Office 2007 软件中打开时，文档的排版将会面目全非。

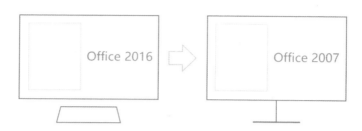

难道需要将文件传输给对方时，还需要强制要求对方使用 Office 2016 软件打开吗？其实只要将文档设置为"只读"，那么 Word 软件就无法对它进行修改了，这样就可以确保文档显示正确。

如何将文档设置为"只读"呢？单击【审阅】选项卡中的【限制编辑】按钮。

在弹出的【限制编辑】窗格中，勾选【限制对选定的样式设置格式】和【仅允许在文档中进行此类型的编辑】复选框，并单击【是，启动强制保护】按钮。

为了防止恶意编辑和删除密码，在【新密码】和【确认密码】处输入两次相同的密码，然后单击【确定】按钮。

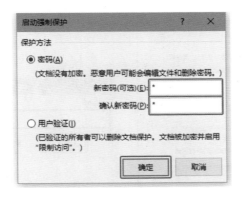

此时，文档就不能编辑了，如果关闭当前文档，并重新打开时，Word 软件会将限制编辑的文档设定为"阅读视图"。在阅读视图下，文档的功能区被隐藏，如果需要重新编辑该文档，可单击右下角的【页面视图】按钮。

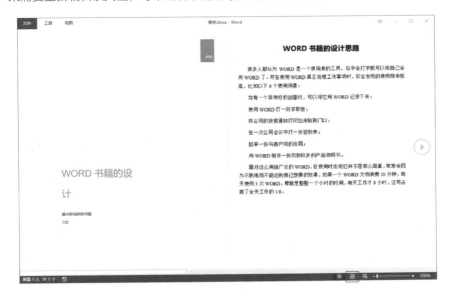

　　文档进入页面视图后仍然无法编辑，此时单击【限制编辑】窗格中的【停止保护】按钮，然后在对话框中输入密码并单击【确定】按钮即可取消文档的"只读"设定。

　　当不同的 Office 版本打开"只读"文档时，整个文档的显示将被锁定，不会出现排版错乱的问题。

　　当非作者打开该"只读"文档时，虽然他不知道密码，但是可以通过多种方式来恶意破解文档。所以，通过设置密码来保护文档的可靠性不高，但它可以用于锁定文档的显示。

🔓 揭秘：遗忘 Word 密码不要慌

　　很多职场人士向我反映，在几年前对一篇文档设置了密码，而过了那么久之后，自己把密码给遗忘了。可是重新制作这篇文档将会耗费大量的时间和精力，如何解决这个问题呢？

扫描后观看
视频教程

　　比如在本书电子资源中，有一个"遗忘密码的文档 .docx"文件，它设定了带密码的限制编辑，此时需要删除该文档的密码。首先新建一个空白文档，然后单击【插入】选项卡中【对象】按钮的下拉箭头，单击【文件中的文字】。

在弹出的窗口中选择"遗忘密码的文档 .docx"，此时该文档中所有的内容都添加到了当前文档中，而且可以编辑。

虽然按钮的名称叫作"文件中的文字"，但是除了文字外，文档中的文字格式，以及图片和表格等都会被插入到新文档中。此时，将新文档重新保存，它就像没有密码的原文档一样了。这样就算是忘记密码，也可以修改文档了。

5.4.3 比 Word "只读"更常用的 PDF 文件

扫描后观看
视频教程

除了将 Word 设置为"只读"的方式来确保文档显示正确外，还有一种方式在职场上非常常用，那就是将文档保存为 PDF 格式。

PDF（Portable Document Format 的缩写，意为"便携式文档格式"）是由 Adobe Systems 用于与应用程序、操作系统、硬件无关的方式进行文件交换所发展出的文件格式。它有两个特点，一是可以完整保存文档中所有元素的格式；二是可以跨平台，不管是 Windows、UNIX、macOS 还是移动端的 iOS、Android 和 Windows Phone，都可以直接显示。

不管电脑中是否安装了 Office 软件和 PDF 软件，都可以通过浏览器来直接查看 PDF 文档，而且 PDF 文档中的文字无法编辑，这样就完美地解决了职场中希望锁定文档的显示方式，确保文档显示正确的问题。

如何将 Word 文档保存为 PDF 格式呢？单击【文件】选项卡中的【另存为】按钮，在【保存类型】中选择【PDF(*.pdf)】，并保存为"案例 .pdf"文件。

作为比 Word "只读" 更常用的 PDF 文件，虽然可以锁定文档的显示方式，但也存在着被人恶意破解的问题。

比如，使用 Adobe Acrobat 软件打开 "案例 .pdf" 文件，然后单击【文件】中的【另存为】按钮。

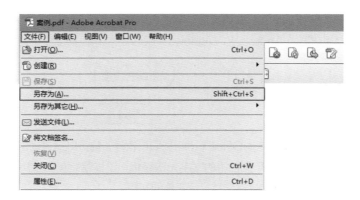

然后，在【另存为】窗口中，选择保存类型为【Word 文档（*.docx）】，并单击【保存】按钮。

当文件被保存为 PDF 格式时，Word 文档的作者信息将会被删除，因为 PDF 格式的文档没有作者的属性。

通过将字体嵌入文档中、给文档设置为只读和保存为 PDF 文件都可以锁定文档的显示方式，确保文档显示正确，不让其他人产生误解。

然而，给 Word 设置只读或者保存为 PDF 文件在防止恶意修改方面的可靠性不高，如果想要完整保护自己的工作成果不被人复制，可详见下一章节。

5.5 成果保护——文档只能看，不能复制

Word 文档看似只是一个文件，实际上它却是工作成果的体现，在一个文档中包含了职场人士大量的工作时间和付出。

上文提到了在页眉和文档信息中添加作者信息，但是这样非常容易被篡改。而设置 Word 文档只读和将文档保存为 PDF 文件也会被人恶意修改；就算不被修改，加密的文档和 PDF 文件也可以在不恶意修改的情况下，被直接复制文字内容。因为它们限制的是"修改"，而不是"复制"。

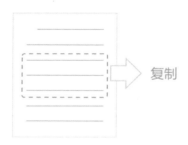

Word 文档是职场人士的工作成果，如果被人复制或者直接将文档的所有权剥夺，那么会导致心血白费，甚至会影响职业发展。

5.5.1 限制文档不能复制的"加密"用处不大

如何能够让文档中的文字不被人随意复制呢？在 Word 中限制编辑，没有"不能复制"的功能，但是在 PDF 文件中，可以实现。

扫描后观看
视频教程

以 Adobe Acrobat 软件打开"案例 .pdf"文件，单击右侧的【工具】按钮，打开工具箱，并单击【保护】中的【加密】下拉箭头，并单击【1 使用口令加密】。

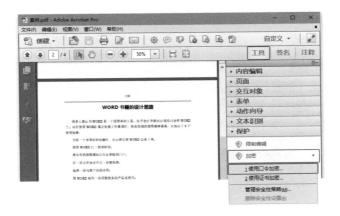

在弹出的窗口中，勾选【限制文档编辑和打印。改变这些许可设置需要口令】复选框，而在职场中希望别人不能复制文档的内容，但是可以允许让对方打印出来，因为在文档的页眉中已经有了文档的作者信息。将【允许打印】设置为【高分辨率】。默认设置下，【启用复制文本、图像和其他内容】复选框是不被勾选的，也就是说文档中的内容将不能被复制。然后输入设定的密码，最后单击【确定】按钮。

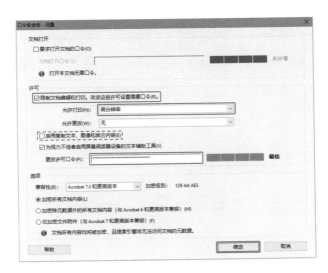

软件会提示密码设置可能会无效，此时勾选【不再显示本消息】复选框，单击

【确定】按钮，然后在【许可口令】处再次输入之前设定的密码，以防密码设定错误，最后单击【确定】按钮。

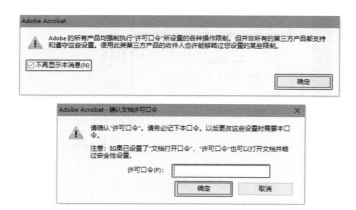

完成 PDF 文件的加密后，关闭"案例 .pdf"文件再重新打开，此时在 Adobe Acrobat 的顶部文件名后显示"（已加密）"。此时，文档中的所有内容可以被选中，但是无法复制粘贴到其他文档中了。

看到这里，你会很开心，认为文档可以不被复制了，自己的工作成果可以得到保护了。

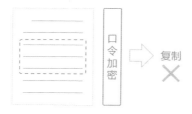

而事实并非如此，不管你的密码有多长，哪怕其中包含了数字、大小写字母和符号，经过某些专业软件的破解，只需要几秒就可以将密码删除。

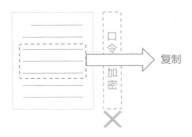

这也就是说，通过"口令密码"限制文档不能复制文字的方法只能防止那些还不知道有破解软件的人，而真正会恶意复制你文档信息的人，一定会不择手段地实现它的目标。

那另外一种加密方式【2 使用证书加密】是不是就可以不被破解了呢？

| 1 使用口令加密 |
| 2 使用证书加密 |
| 管理安全性策略(M)... |
| 删除安全性设置(R) |

使用证书加密的确很难被破解，但它存在一个更大的问题：使用者必须安装 Acrobat 软件才能够打开有证书加密的 PDF 文件。

PDF 文件之所以被职场人士广泛使用，就是因为它的跨平台性以及方便打开，如果必须要强制安装 Acrobat 软件，那么就会本末倒置了。比如，你将一份有"证书加密"的"市场策划案"发给同事，同事只是想打开看一下，却被告知无法打开，这时他的第一反应就是"你的文档没做好"。

综上所述，PDF 中提供的两种加密方式无法解决保护工作成果内容不被复制的问题。

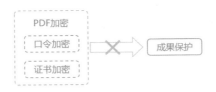

5.5.2 全图的文档无法复制文字

不管对文档如何加密，都不能阻止恶意破解，那怎样才能可靠地保护自己的工作成果，让文档中的文字不能被复制呢？答案就是将文档变成图片。

把文档变成图片后，已经"没有"文字了，所以也就解决了文字被复制的问题。在把文档变成图片时，为了不影响文档的正常阅读，需要将图片按照页面生成图片，比如本书"案例 .docx"文档有 4 页，那么就要生成 4 张图片。

但原本"案例 .docx"是一个文件，如果变成 4 张图片后发给客户或上司，那么会给他们带来困扰：怎么这么多文件？为了避免这样的情况发生，还需要将 4 张图片合并成一个文档。这样对于查看文档的读者来说，就不会感觉到这篇文档是由图片组成的了。

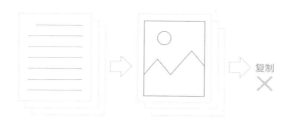

如何能够将整篇文档变成全图的文档呢？需要 3 步：Word 转 PDF，PDF 导出图片，图片合并为 PDF。

在上一节中已经完成了第一步的操作，将"案例 .docx"文档转换成了 PDF 文件，接下来就是导出图片。使用 Acrobat 软件打开"案例 .pdf"文档，单击【文件】中的【另存为】按钮。

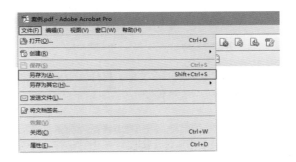

在【保存类型】中选择【PNG(*.png)】文件，并单击【保存】按钮。

在文件夹中生成了如下 4 张图片。

案例_页面_1.png   案例_页面_2.png   案例_页面_3.png   案例_页面_4.png

接下来就是将这 4 张图片合并成一个文档。打开 Acrobat 软件，单击【创建】按钮，单击【将文件合并为单个 PDF 】。

单击【添加文件】按钮，选择 4 张图片，并单击【选项】按钮。

为了能够让图片上的文字尽可能清晰，将【文件大小】设置为【较大文件大小】，然后单击【确定】按钮。

单击【合并文件】按钮，将新的 PDF 文档另存为"案例 -全图 .pdf"文件。

在"案例 -全图 .pdf"文件中，文档的所有内容都可以正常阅览，但是文字却无法被选中和复制了。

揭秘：从全图文档中提取文字和图片

将一个普通文档转换成全图文档，已经可以抵御大部分的恶意复制了。如果谁想要获取文档中的文字，只能通过自己手工输入来完成。

然而，随着文字识别技术的发展，越来越多的人会通过识别软件来将图片中的文字转换成可以选中的真实文字。而且，一个页面的图片只需要几秒钟就可以被成功转换成文字。

扫描后观看
视频教程

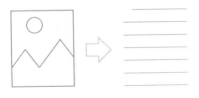

对于文档中重要的图片和图表等元素，完全可以通过截图来实现内容的窃取。

面对这样的问题，作为工作成果的文档就真的无法保护了吗？最后的办法就是将图片调整为黑白和给文档添加水印。

将图片调整为黑白后，图片的美观度被大大降低，所以被恶意复制的概率就会减少。而给文档添加水印后，半透明的水印文字会盖住文档原文，这样会让识别软件的识别正确率大大降低。

需要注意的是，将图片调整为黑白和给文档添加水印的同时，也会影响读者正常的阅读，所以这个方法在职场中通常使用在"文档参考"的情况下，比如文档发给同事阅读、将自己的思路发给朋友参考等情况。以下就介绍如何将文档的图片调整为黑白和给文档添加水印。

5.5.3 文档的黑白与水印处理

如何将文档中所有的图片都调整为黑白呢？它的原理其实就是将整篇文档都变成黑白。

扫描后观看
视频教程

通过 Acrobat 软件打开"案例 – 全图 .pdf"文件，单击右侧工具栏中的【印刷制作】按钮，单击【转换颜色】选项。

在弹出的窗口中，【转换配置文件】选择【Gray Gamma 2.2】，然后单击【确定】按钮。

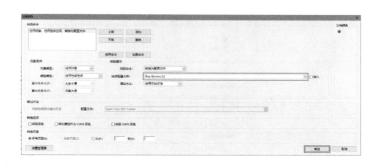

此时，整个 PDF 文件都被转换成了黑白色。

接下来就是如何给文档添加水印了。虽然 Word 软件也提供了给文档添加水印的功能，但是在 Word 中添加的水印是"衬于文字下方"，这样对降低识别软件的识别正确率作用不大；而 PDF 文件的水印则是"浮于文字上方"，可以大大降低识别软件的识别正确率。

Word水印
衬于文字下方

PDF水印
浮于文字上方

在 Acrobat 软件中，单击右侧【页面】下的【水印】按钮，并单击【添加水印】选项。

在弹出的窗口中，输入文字"沈君版权所有"，调整【字体】为【微软雅黑】，【旋转】设置为【60°　】，【不透明度】设置为【15%】，勾选【相对于目标页面的比例】复选框，并设置为【90%】，这样文字就会自动调整大小了，最后单击【确定】按钮。

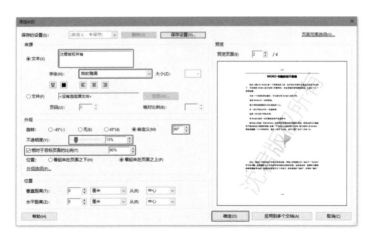

通过将文档调整为黑白和给文档添加水印，可以最大限度地防止文档被恶意复制。

5.5.4 根据职场情境设置不同的文档

扫 描 后 观 看
视 频 教 程

本章介绍了多种方式来实现对文档的版权保护、锁定显示和成果保护，它们的目的、职场使用和安全性见下表。

操作	目的	职场使用	安全性
页眉中添加作者	版权保护	必备	低
文档信息添加作者	版权保护	Word 必备	低
Word 文档"只读"	锁定显示	二选一	中
保存为 PDF 文件	锁定显示		中
PDF 文档限制复制	成果保护	较少	中
全图 PDF 文档	成果保护	常见	高
黑白与水印处理	成果保护	文档参考	极高

每种操作都各有利弊，可以应用于不同的职场情境中。比如需要制作一份部门发展策划给经理，那么可以选择在页眉和文档信息中添加作者，并将源文件发给他，因为他不会夺取你的版权，而且需要在文档中进行修改。

如果需要制作一份产品策划书给主管，那么可以选择在页眉和文档信息中添加作者，并保存为只读的 Word 文档。这样就可以防止主管夺取你的版权。

比如做了一份求职简历需要到文印店打印，则需要在页眉中添加作者，并保存为 PDF 文件。这样就可以锁定文档的显示，不会出现格式错乱。

如果需要将制作的年终小结发给同事，则需要在页眉中添加作者信息，并保存为 PDF 文档，并限制复制。这样可以防止他直接复制其中的文字，而做成全图文档则会显得你太过谨慎。

如果要将一份自己的工作心得发布到网络中，则会在页眉中添加作者信息，并保存为 PDF 文件，然后进行黑白与水印处理。这样可以尽可能地保护自己的成果。

将文档设置完毕，并根据各种情境设置版权保护、锁定显示和成果保护后，接下来就可以进行网络传播和打印了。

5.6 网络传播——在网络中传播文档的 3 个技巧

在网络中传播文档是职场中经常要做的事，比如你需要将做好的产品说明书初稿发给同事看，让他进行修改；或者将自己写好的请假单发送给人事部门；或者是将合同发给合作公司让对方来修改合同内容等。

而在把文档通过网络传播的过程中，对于接收到文件的人，会出现以下 3 个困扰。

（1）微信中收到的文档排版发生错乱，太难阅读了。

（2）邮件中收到的文档不清不楚，需要打开附件才能知道是什么内容。

（3）收到的文件频繁更改，频繁收取，容易分不清哪个文档是最新的版本。

面对这 3 个困扰，以下提供了相应的解决方案。

5.6.1 把文档直接放到微信里发给别人是错误的

在职场办公中，越来越多的人习惯用移动端，因为没有场地、没有硬件和没有 Wi-Fi 的限制，只需要一个手机或一个平板电脑，安装微信、QQ、钉钉、易信和飞信等就可以与同事、客户、合作伙伴和各种人群进行交流。

扫描后观看
视频教程

这些软件都可以完美地支持文字和图片的传输，而且对方可以在其移动端中不安装 Office 的情况下打开 Word 文档，但是当 Word 文档中含有复杂的排版时，这些软件显示的文档就很容易出现排版错乱。

如果将 Word 文档保存为 PDF 文件，就可以有效地避免文档排版错乱的问题，但是如果对方需要修改怎么办？比如你需要将一份报价方案及时发给客户看，客户需要先大致浏览一下，而他现在不方便打开电脑，但是到了晚上他会打开电脑详细查看和修改。

如果发送 Word 文档给客户，客户不打开电脑，而在手机端查看时，文档会发生排版错乱；如果给客户发送 PDF 文档，那么他将无法修改。

　　这时的解决方案就是将一篇文档的 Word 版和 PDF 版都发给客户，这样客户可以先用手机端来查看 PDF 文件，到了晚上可以打开电脑修改 Word 文件。

　　很多职场人士会将 Word 文档和 PDF 文件直接在微信中发给客户，这样看似非常合理的举动，却会给客户带来两个问题。

　　（1）他收到了两个文件，不知道点开哪个。

　　（2）到了晚上，他还需要自己将移动端中的 Word 文件发送到电脑上。

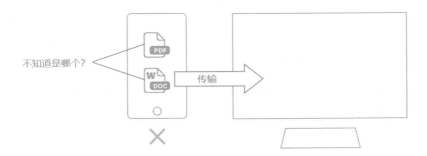

　　所以，直接将 Word 文档和 PDF 文档都在移动端发送给客户也是不合理的。而较好的解决方案有如下 3 点。

　　（1）将 PDF 文件发送到微信中。

　　（2）将 Word 文档发送到客户邮箱中。

　　（3）在微信中留言提示，"该文档供您手机中浏览，文档的源文件已发送至您邮箱。"

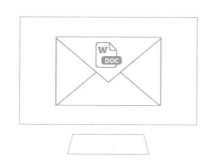

　　这样可以有效避免手机中出现两个文件，而导致客户的困扰；也可以让客户在打开电脑时查收邮件下载文档源文件，从而节省客户的精力。能够体现你的专业度，并且得到客户的信任。

5.6.2　用邮件发送文档的注意事项

　　以邮件附件的形式发送文档，可以在不打扰对方的情况下将文档发送给对方，并且可以长久保存。正是因为这样的特点，邮件附件在职场中被作为文档传输的常用方式。

　　比如你要将一份公司的合作合同发给客户，把该文档作为邮件附件发送后，如果不标注标题和文档的提示内容，那么客户很可能会忽略这份"不知名"的邮件，就算没有忽略，也需要打开附件才能知道这是一份重要的合同。这个过程会让客户认为你的工作非常不认真，甚至会影响合同的签约。

　　所以，直接将 Word 文档发送给客户是不合理的。而较好的解决方案需要做到以下 5 点。

　　（1）实时发送邮件提示。

　　比如给对方发送微信信息"文档已发送邮箱，请查收"。

　　（2）邮件标题明确。

　　邮件名以本文第 1 章讲解的内容为要点，突出主题，并合理放置作者、时效、完成时间和人群。

（3）邮件正文放置相关说明。

将标题外的重要信息放置在邮件正文位置，这样对方就可以在不打开文档附件的情况下，一目了然地查看重要信息。比如，"请务必在 5 月 30 日前完成"，或"文章有不准确之处，请直接与我电话联系"等。

（4）尽可能避免使用附件。

如果文档中没有排版和图片，那么就可以将文档中的内容全部复制到邮件正文中，这样就不需要将文档作为附件发送了。

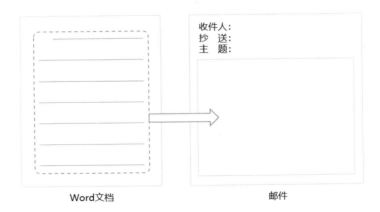

（5）移动端未发送 PDF，则邮件需要发送 PDF 和 Word 文档。

由于许多职场人士都在移动端设置了邮件收发软件，他会通过移动端来打开文档附件，而此时如果只有 Word 文档，就会出现排版错乱的情况，所以需要将文档的 Word 版本和 PDF 版本都发送给对方。为了防止对方对两个文件产生困扰，需要在邮件正文中标注两个文件是相同的。

　　在以邮件发送文档时，使用这 5 个方法可以快速提升你的职场专业能力，让你的客户和上级对你刮目相看。

5.6.3　让客户永远看到最新的文档

扫描后观看
视频教程

　　如果你需要为客户设计一份产品方案，那么你就会不断地根据客户的需求进行修改，而且会频繁地将每次修改过的文档都发给客户，让客户过目并提出意见。

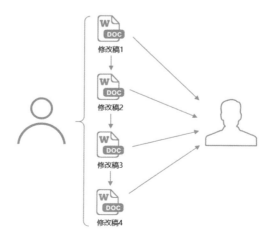

　　但对于客户来说，他只想得到自己满意的最新方案，中间的修改过程他并不关心。虽然我们会每个文件名上加上"完成时间"以标注每个文件的不同版本，但对客户来说，他需要将这些文件按照名称排序，才能找到最新的文件，万一最新的文档没有保存，则会产生误解。

　　如何能够让客户一直看到最新的文档呢？最佳的解决方案就是使用网盘文件夹。在网盘中新建一个文件夹，将文件夹链接分享给客户，然后将最新文档放到该网盘文件夹中，并将所有历史修改稿放到历史版本文件夹中。

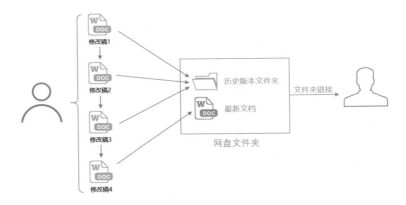

　　客户只需要打开网盘文件夹，就可以一目了然地看到最新文档。当你对这个文件夹中的文件进行更新时，客户也可以直接打开浏览。

　　在使用网盘文件夹给客户分享最新文档时，有以下 3 个注意事项。

　　（1）提醒对方已更新。

　　当上传最新文档时，需要及时告知对方，让对方可以查看最新文档。

　　（2）只有一个最新文档。

　　为了能够做到一目了然，在网盘文件夹中只有一个最新文档。比如，当你将新修改的"修改稿 5"上传时，需要将"修改稿 4"放入历史版本文件夹中，不然客户会对这两个文档产生选择困难。

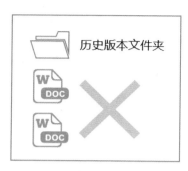

网盘文件夹

（3）仅限单人修改。

使用网盘文件夹给客户提供最新文档，仅限于你一个人修改文档，如果多人修改同一文档并上传，很有可能出现他的文档覆盖了你的修改稿的情况。

除了给客户查看最新产品方案，许多文档需要修改迭代的情况都可以使用网盘文件夹的方法。比如，给领导起草一份发言稿等。

5.7 纸质打印——将文档自由地打印

网络传播是职场中较为常见的一种分享文档的方式。除了网络传播以外，文档打印也是较为常见的一种传播方式。它可以让读者在多个页面之间快速切换，而且可以直接在纸张上进行修改。如果是一份合同或申明，那么签字或盖章之后，这份文件将会具有法律效力。

文档打印的应用范围极广，在使用过程中有很多种情境，比如本章节将解决以下 4 个情境的打印问题。

（1）打印文档中的部分内容供讨论。

（2）供快速浏览文档整体排版的打印。

（3）减少文档纸张数量，用于轻便携带的打印。

（4）供讨论思考和记录的文档打印。

5.7.1 打印文档中的部分内容供讨论

在职场中经常会出现将一篇文档中的部分内容打印出来的情况。比如将一份产品说明书的第 3 章打印出来供大家讨论；把一份未完成的项目合同中争议较大的部分打印出来，供大家协商。

如何在 Word 中打印出自己想要的内容呢？一共有 4 种情况：打印所有页面、打印所选内容、打印当前页面和自定义打印范围。本节就来解析这 4 种情况中较容易出现问题的"自定义打印范围"。

比如需要打印本书案例的封面，单击【文件】选项卡，单击【打印】，在【页数】中输入"1"，并单击【打印】按钮。

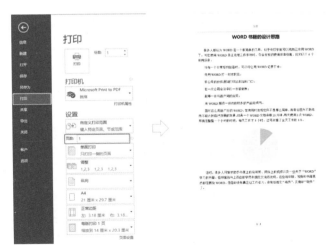

明明是想打印文档的封面，为什么最终结果是打印了正文的第一页呢？因为在 Word 中，打印的"页数"并不是按照文档的实际编排顺序打印的，而是依据"页码"标记的数字进行打印。

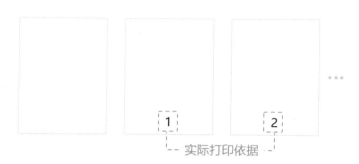

那封面的页码是多少呢？封面的页码就是"0"。

在打印时，除了打印某一页，还会打印多个页面。在 Word 中提供 2 种符号，使用案例如下表所示。

符号	意义	案例	案例意义
，	和	1,3,6	打印第 1 页、第 3 页和第 6 页
−	至	2-6	打印第 2 页至第 6 页

当然还可以混合使用这两个符号，比如"3,6-8"就代表打印的是第 3 页和第 6 页至第 8 页。

5.7.2 供大家快速浏览，讨论文档的整体排版

当一篇文档需要讨论它的排版布局以及整体效果时，文字的详细内容已经不重要了，而文字的格式、段落间距、表格和图片等元素才是讨论的重点。

扫描后观看
视频教程

通常的做法是将文档正常打印出来，但是这样会导致页面较多，在查看整篇文档时需要频繁翻阅。为了解决这样的问题，可以在一个打印页面中打印多个文档页面。

比如下图，在一个 A4 纸张中打印文档的 4 个页面，这样可以在不翻动纸张的情况下快速浏览 4 个页面。整篇文档能够在极少的页面中体现文档的全局视图。

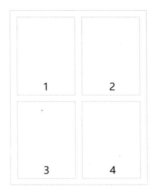

如何实现以上效果呢？单击【文件】选项卡，单击【打印】，在【设置】中选择【每版打印 4 页】。

🔒 专栏：用 A4 纸打印出 A3 幅面的文档

在特殊的文档中，通常都是以更大的 A3 纸张来承载，这样可以显示更多的信息，比如公司各部门的整体架构图和产品使用流程等。

扫描后观看
视频教程

但是在职场中，常见的打印机都是 A4 大小的，如何能利用现有的打印机，打出 A3 纸张的效果呢？有 2 种方法可以解决：缩印和拼接。

方法 1：缩印。

缩印是较为简单，也较为优先推荐的方法。但使用缩印的前提是源文档的文字和图片等元素较大，因为把 A3 缩印成 A4 会将文档的文字和图片等元素缩小一半。

A3　　　　　　　　　　　　　　A4

如何操作呢？打开本书电子资源中的"A3 文档 .docx"，单击【文件】选项卡，并单击【打印】在【设置】中，单击【缩放至纸张大小】中的【A4】即可。

方法 2：拼接。

如果文档中的文字在缩印后看不清，那就只能用拼接的方法了，而拼接的弊病就是需要粘贴。

首先需要明确的是，Word 软件在【页面设置】下提供了【拼页】的选项。

但是这个【拼页】仅仅是将纸张大小从 A3 变成 A4，所有的图片会超出 A4 的打印范围，而表格会被自动缩放。

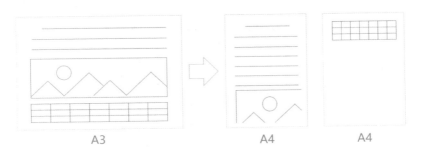

A3　　　　　　　　　A4　　　　　A4

这样会导致原文档所有的布局全部发生改变，而职场中需要的结果应该是像把 A3 纸一裁为二一样。

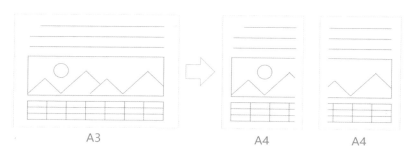

A3   A4   A4

如何完成这样的裁剪呢？首先将"A3 文档 .docx"另存为 PDF 文档"A3 文档 .pdf"，然后使用 Acrobat 文件打开该 PDF 文件，单击工具栏中【页面】下的【裁剪】按钮。在页面中随意裁剪并双击裁剪区域。在弹出的窗口中，【上】【下】设置为"0 厘米"，【左】设置为"2 厘米"，而【右】设置为"21 厘米"。勾选【所有页面】单选框，单击【确定】按钮，并将裁剪完的文档另存为"左 .pdf"。

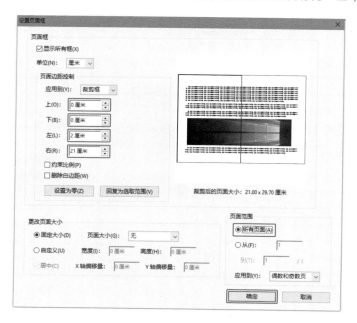

　　之所以要把【左】设置为"2 厘米"是因为每个打印机都有页边距，如果按照正常的 A3 一裁二，那么 A3 纸张中间的部分将不会被打印，所以需要向左侧空白区域"借位置"，让中间的区域可以被打印出来。

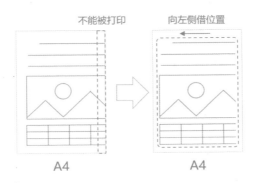

使用【Ctrl+Z】组合键撤销裁剪操作，回到原始页面。使用同样的方法，裁剪右侧页面，在【上】【下】输入"0 厘米"，【左】输入"19 厘米"，【右】输入"2 厘米"，勾选【所有页面】单选框，单击【确定】按钮。

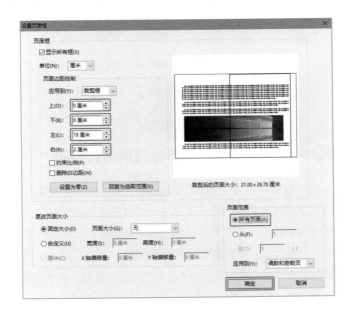

将该文档另存为"右 .pdf"，并单击【创建】中的【将文件合并为单个 PDF】按钮，将"左 .pdf"和"右 .pdf"文档合并，并保存为"A3 拆分为 A4.pdf"。

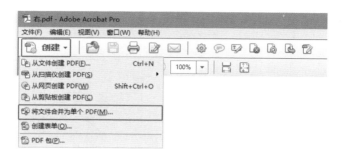

将"A3 拆分为 A4.pdf"文档打印，并经过"粘贴"就可以完成用 2 页 A4 纸张来拼接成一张 A3 纸张了。

在处理 A3 文档时，如果对布局没有要求，可以使用页面设置中的"拼页"功能；如何希望文档布局不发生改变，则可以使用"缩印"的方式快速完成；当"缩印"无法看清文字或图片时，再使用"拼接"的方法来清晰显示。

5.7.3 减少文档纸张数量，用于轻便携带的打印

在职场中还会遇到需要减少文档打印的纸张数量，用于轻便携带的情况。比如演讲稿尽量控制在一页纸内，这样在上台演讲时不用翻页；公司需要进行规章制度考试，你需要将重点打印出来供自己背诵，这时一张纸要比多张纸要更容易随身携带。

如果通过前文介绍的"缩印"功能来实现减少纸张数量，则会出现文字太小看不清的情况。为了能够保证文档易于阅读，除了不使用"缩印"外，也不要调整字体的大小。

经过分析发现，文档的页数是由文档内容和空隙组成的，这些空隙包括行距、段间距、页边距和段落后空隙。

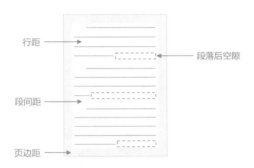

既然不能缩印，又不能调整文档的字体大小，那么如何才能够让文档的纸张变少呢？只能缩小文档中的 4 种空隙了。文档中的行距、段间距和页边距是为了增加文档阅读的舒适性，如果调整了它们则会导致文档的专业性降低。也就是说，如果需要在不影响文档阅读的情况下降低文档的纸张数量，只能通过减少段落后空隙来解决了。

如何减少段落后的空隙呢？可以使用 Word 中自带的功能：分栏。

打开本书电子资源中的"减少文档纸张数量 .docx"文档，该文档设置了常见的行距、段间距和页边距，共有 5 页。单击【布局】选项卡中的【两栏】。

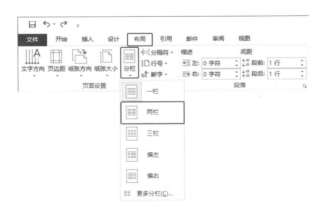

　　文档在未修改行距、段间距和页边距的情况下，通过减少段后空隙，缩减到了 4 页。完成了缩减文档页数的需求。

　　在分栏中间增加分割线可以有助于在阅读两栏文字时不会看串行。单击【布局】选项卡，单击【分栏】中的【更多分栏】，在弹出的窗口中勾选【分隔线】复选框，并单击【确定】按钮即可。

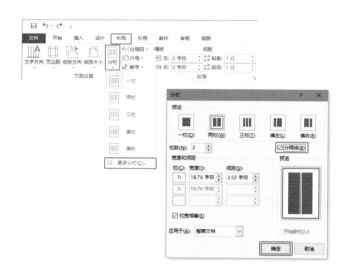

5.7.4　打印供讨论和记录的文档

　　在职场中，经常有文档需要被打印出来供大家讨论，在讨论过程中往往会修改文档的文字，还会对内容进行思考，形成一些问题的解决方案或创意等。比如在一次会议中，大家正在讨论一份产品的营销方案，你对这份营销方案产生了新的想法，需要将这些宝贵的想法记录下来。你的第一反应是拿起笔在上面书写，但是由于文件中已经没有空白部分了，所以只能退而求其次，寻找一张白纸，或者拿出自己的笔记本。

　　如果是单面打印的文档，就没有这样的困扰了，因为单面打印的文档，在装订时，除了封面外，每一页的左侧都有一页空白页，可以方便进行记录。

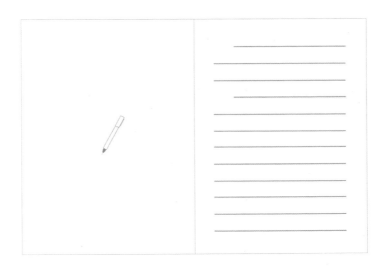

双面打印的文档为了能够方便进行记录，通常会在纸张的一侧留有空白部分专门给讨论者书写。而为了书写方便，会在双面打印的文档翻开时，右侧页面的空白区域留在页面右侧，而左侧页面的空白区域留在页面左侧。

在 Word 中如何制作这样的空白区域呢？单击【布局】选项卡中的【页面设置】按钮。

在弹出的窗口中，首先将【多页】设置为【对称页边距】，然后将【外侧】设置为【6 厘米】，单击【确定】按钮即可。

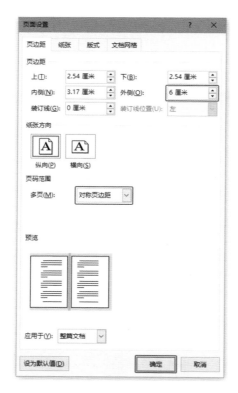

6 专栏：谁说单面打印机就不能双面打印

在职场中经常会使用双面打印，而一些打印机只能单面打印，无法自动双面打印。

扫 描 后 观 看
视 频 教 程

面对无法自动双面打印的情况，通常会经过以下 4 个步骤完成双面打印。

（1）打印奇数页。

（2）手动调整纸张顺序，把所有文档逆序排列。

（3）打印偶数页。

（4）手动调整纸张顺序，把所有文档逆序排列。

这样的方法虽然能够完成双面打印的功能，但是需要经过两次调整纸张顺序，如果页面较多会浪费很多精力。如何让整个过程不需要手动操作呢？可以通过以下 4 个步骤完成。

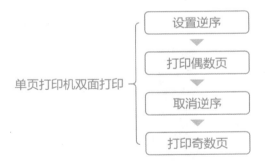

打开本书电子资源中的"单面打印机双面打印 .docx"文档，单击【文件】选项卡中的【选项】，在弹出的窗口中单击【高级】，勾选【逆序打印页面】复选框，并单击【确定】按钮。这样就不用手动调整页面顺序了。

单击【文件】选项卡中的【打印】，在【设置】中打开【打印所有页】，勾选【仅打印偶数页】。如果先打印偶数页，可以省去最后手动调整页面顺序的步骤。

打印机开始工作，在完成打印后，不需要调整文件的顺序，将打印完单面的纸张翻过来重新放入打印机的进纸槽中，然后打开文档的【选项】，在【高级】中取消勾选【逆序打印页面】复选框。通过同样的方法选择【仅打印奇数页】即可完成文档的双面打印。

本节主要围绕文档打印的内容，提供了以下 4 个问题的解决方案：打印文档中的部分内容供讨论；供快速浏览文档整体排版的打印；减少文档纸张数量，用于轻便携带的打印；供讨论和记录的文档打印。此外，还提供了用 A4 纸打印出 A3 文档和用单面打印机进行双面打印的方法。这些方法可以帮助你在职场中应付大部分的打印难题。

5.8 文档成册——获得上司和客户好评的文件

Word 文档中包含了你的工作内容和成果，打印的功能是将电子版的文档在纸张上显示，打印完毕的文档不管页面有多少，它都会形成一份完整的文件。这个文件的装订形式多种多样，可以简单地使用长尾夹装订，或者使用订书机来装订。虽然这些装订方式与文档内容无关，但它却是你的上司或者客户看到你工作内容的第一眼，这个第一印象非常重要，会大大影响你的工作内容在他们心目中的形象。

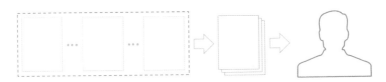

5.8.1 获得上司的肯定和客户的信赖的文件装订

在职场中遇到需要将打印的文件装订的情况非常多，大致可以分为以下 5 种情况。

（1）单张纸。

扫描后观看
视 频 教 程

（2）内容为主的多张纸。

（3）形象展示的多张纸。

（4）多张纸同时看。

（5）超多张纸。

在不同的场景下，如何能够让承载着自己工作成果的文件获得上司的肯定和客户的信赖呢？

情况 1：单张纸。

当打印出来的文档为单张纸时，比如一份公司的职位架构图，或者产品的设计图等，如果直接把这张纸给上司和客户看，会显得自己的工作成果没有"分量"，所以通常会用透明单页夹把它包裹起来。

单页夹

情况 2：内容为主的多张纸。

在职场中，打印多张纸的情况较为常见，比如一份合作协议或用工合同等，一般以文档内容为主，通常使用订书机装订即可。

订书机

情况 3：形象展示的多张纸。

如果打印出的多张纸需要进行形象展示，通常是产品的宣传资料、公司的营销方案等，此时如果再使用订书机装订就会显得较为简陋，常见的方法是用拉杆夹和插页袋。拉杆夹和插页袋的区别就在于是否能够书写文字，如果需要记录文字，则只能使用拉杆夹；如果不需要记录，则使用拉杆夹和插页袋都可以。

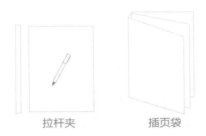

拉杆夹　　　　　　插页袋

情况 4：多张纸同时看。

有时需要对文档的内容进行研讨和对比，比如对同品牌的不同营销策略进行对比，产品的不同结构设计进行对比。如果采用普通的装订，则会导致上司或者客户需要同时查看一个文件的不同页面时非常不方便。而这种需要多张纸同时看的情况，通常使用长尾夹和单夹文件夹来装订。尽量不使用回形针，因为回形针的外形单薄，不利于文件的形象展示。

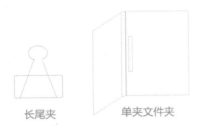

长尾夹　　　　　　单夹文件夹

情况 5：超多张纸。

当纸张超过 20 张时，普通订书机就难以装订。此时，可以通过重型订书机来实现对超厚页面的装订。但是如果页面超 120 张，那么重型订书机也将无能为力。这时可以使用打孔器将这些文档分批打好孔，然后将他们用装订夹装订到一起。

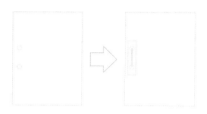

打孔器与装订夹

5 个不同的场景使用不同的装订方法对应如下表。

场景	装订方法
单张纸	透明单片夹
内容为主的多张纸	订书机
形象展示的多张纸	拉杆夹
	插页袋
多张纸同时看	长尾夹
	单夹文件夹
超多页面	重型订书机
	打孔器与装订夹

除了使用插页袋作为装订方式外，其他所有的装订方法形成的文件，都需要给予阅读文档的人一支笔，这样能够让你的上司和客户方便地进行记录，也能体现出你工作的细致和认真，最终让承载着自己工作成果的文件获得上司的肯定和客户的信赖。

5.8.2 文件要装订，必须要留有"装订线"位置

当需要打印的文档是单张纸或者使用插页袋或长尾夹装订时，文档直接打印即可。而当文件需要订书机、拉杆夹、单夹文件夹或打孔器装订夹来装订时，装订位置会占据整个文件的一部分，通常在文件的左侧。

扫描后观看
视频教程

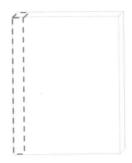

　　而文件中的每页文档都是采用对称的页边距，这也就意味着，阅读文档的人实际看到的文档，两边的页边距不一样，左侧被装订占据了一部分，所以显得左侧小了很多。

左侧边距被占据

　　两边不对称的页边距会导致阅读的舒适度降低，当到页面较厚时，左侧边距会被占据更大的空间，会影响文档的正常阅读。

　　如何能够让左侧装订的文档有对称的左右页边距呢？单击【布局】选项卡中的【页面设置】按钮。

　　在【装订线】处输入"0.8"，如果文档是双面打印，则需要在【多页】处选择【对称页边距】，然后单击【确定】按钮即可。

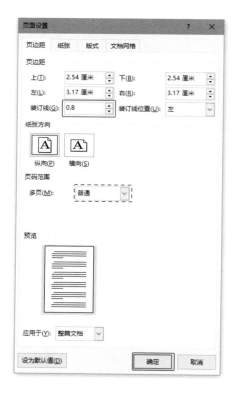

　　文档越厚，需要设置的装订线大小就越大。

5.8.3 如何让专业文档显得厚重可靠

扫描后观看
视频教程

装订后的文档文件是你的工作给上司和客户的第一印象。比如你花了整整 3 天的心血制作了一份市场策划案，你可能呈现出来就 5 张纸，虽然里面承载的都是重要的精华，但是装订后显得非常"单薄"，不能给人"花了很多时间，很重要"的感觉。如何能够加深这个第一印象，让他们感觉你的工作很努力，成果很重要呢？答案就是让文档看上去很厚重，也就是增加文件的厚度。

如何增加文档的厚度呢？通常会有以下 6 种方式：加宽字符间距、增加行距、增加段间距、增加页边距、使用单页打印和使用较厚纸张。

文档显得**厚重**
- 加宽字符间距
- 增加行距
- 增加段间距
- 增加页边距
- 使用单页打印
- 使用较厚纸张

使用这些方法增加文档厚度时，除了使用较厚纸张外，为了能够不影响文档的正常阅读，通常会有限度地使用这些方法。以下表格罗列了常见的限制数值。

方法	限制
加宽字符间距	≤ 0.5 磅
增加行距	≤ 1.4 倍
增加段间距	段前段后≤ 1.2 行
增加页边距	上下≤ 3 厘米；左右≤ 3.5 厘米
使用单页打印	≤ 20 页

通过以上方法进行设置，并加以相应的装订方式，可以让你的上司或者客户对你的工作成果形成良好的第一印象。

5.8.4 快速给文件分类的方法

扫描后观看
视频教程

在职场中经常会遇到需要将打印出来的文档进行分类，或者标注多个重要位置的情况。比如你在向上司汇报一份公司的产品推广解决方案时，该方案分为市场背景、用户分析、对手分析和解决方案 4 个部分，因为有大量的内容支撑，所以文档较厚。如果直接将文档打印，那么上司需要通过页码来定位到每个章节。有没有什么方法可以快速地让他翻阅到每个章节的重要部分呢？

可以使用小型便利贴，让每个章节的第一页可视化并且可以快速翻阅到。

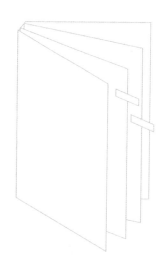

在使用小型便利贴时，有 4 个注意事项。

（1）合理使用彩色。

通常小型便利贴有 5 种颜色，为了区分每个章节，可以采用不同的颜色。而当需要标注的章节超过 5 种时，建议所有章节都采用同样的颜色，不然某 2 个章节是同一个颜色，会引起读者的困扰，"这两个章节是什么关系？为什么是一种颜色？"

（2）提示文字简练。

每个便利贴上的提示文字都靠右书写，这样便于粘贴，而且文字要简练，这样可以让读者一目了然。提示文字通常不超过 4 个字，比如"市场背景""用户分析""对手分析"和"解决方案"。

（3）提示文字在文档外，勿遮住内容。

便利贴书写完毕后，需要将每个便利贴贴在打印出的文档页面上。在粘贴时需要将提示文字放到文档外，这样文档纸张才不会盖住提示文字。便利贴在粘贴时也不要遮住文档内容，这样会影响读者的阅读。

（4）上下错开。

每个便利贴都粘贴在页面的不同位置，第一个便利贴在最上方，剩余便利贴依次向下。这样不会影响每个便利贴上的文字的阅读，也方便读者翻阅。在粘贴时尽量保持间距相等，边缘对齐。

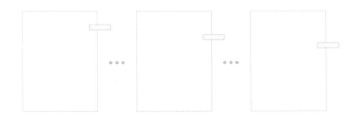

通过以上方法就可以快速给打印出来的文件分类了。

本章围绕文档传播的各个环节，提供了 8 个实用窍门，它们可以帮助你把自己的工作成果最大化，让你在职场中脱颖而出，从而实现自己的职场目标。

06

拿来就用的文档
——工作中常见的 Word 文档是什么样的

在职场中有许多使用 Word 来解决工作实际问题的场景，本章提供 6 种常见文档，让你可以拿来就用。

6.1 同级部门间的函

扫 描 后 观 看
视 频 教 程

"函"是用于不相隶属机关之间的商洽工作、询问和答复问题，请求批准和答复审批事项时所使用的公文。

在职场中的"函"，包含有六大元素，缺一不可，从上至下依次是标题、受文对象、正文、祝颂语、发文单位和日期。

函的元素
- 标题
- 受文对象
- 正文
- 祝颂语
- 发文单位
- 日期

以邀请营销部门参加本部门组织的拓展活动为例，函的书写形式如下。

邀请贵部门参与我部门拓展活动的函

营销部：

　　我部门将于 2020 年 11 月 20 日举办户外拓展活动，为了感谢贵部门对本部门一年来的照顾和付出，也为了能够增加两部门员工间的交流合作，现特邀贵部门所有员工与我部门一起参与拓展活动。

　　真诚地期待贵部门参与。

策划部

2020 年 11 月 11 日

其中有 7 个注意事项。

（1）纸张通常为 A4 纵向打印。

（2）标题内容需要突出主题，字体为宋体、加粗、三号字体，居中显示。除标题外，其他字体均为仿宋、四号字体。

（3）标题与受文对象之间需要空一行。

（4）受文对象需要顶格，并在文字后添加"："。

（5）正文部分需要先说明原因，后提出结果。

（6）祝颂语内容不超过一行。

（7）发文单位与日期右对齐。发文单位可以加盖公章。

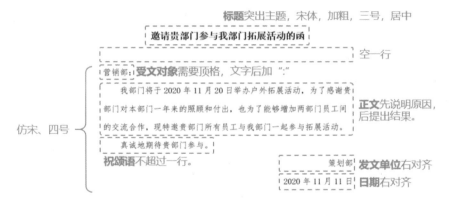

本格式的函也可以用于公司之间商洽工作、询问和答复问题，请求批准和答复审批事项。结果详见本书电子资源中的"函 .docx"文件。

6.2 公司通知

通知是在职场中运用非常广泛的一种公文，用于发布法规、规章或要求下级办理某项事务等。比如，发布公司的仪容仪表规范，

扫描后观看
视频教程

提升员工为主管的通知或节假日的放假通知等。

在职场中的"通知"，包含有五大元素，缺一不可，从上至下依次是标题、受文对象、正文、发文单位和日期。

以公司关于元旦放假的通知为例，通知的书写格式如下。

关于元旦放假的通知

各部门：

2021 年 1 月 1 日——元旦为国家法定假日，放假一天。

为便于各部门及早合理地安排节假日生产等有关工作，现将元旦放假调休日期具体安排通知如下：

2021 年 1 月 1 日—2021 年 1 月 3 日放假，共 3 天。其中，1 月 1 日(星期五)为法定节假日，1 月 2 日(星期六)为公休日，1 月 3 日(星期日)为公休日。

节假日期间，各部门要认真做好各项工作。

2020 年 12 月 20 日

其中有 4 个注意事项。

（1）标题内容需要突出主题，字体无特殊要求，字号需比正文大，居中显示。

（2）标题与受文对象之间需要空一行。

（3）受文对象需要顶格，并在文字后添加"："。

（4）发文单位与日期右对齐。发文单位可以加盖公章。

关于元旦放假的通知 标题突出主题，居中

空一行

各部门： 受文对象需要顶格，文字后加 ":"

2021 年 1 月 1 日——元旦为国家法定假日，放假一天。

为便于各部门及早合理地安排节假日生产等有关工作，现将元旦

放假调休日期具体安排通知如下：

2021 年 1 月 1 日—2021 年 1 月 3 日放假，共 3 天。其中，1 月 1

日 (星期五) 为法定节假日，1 月 2 日 (星期六) 为公休日，1 月 3 日 (星

期日) 为公休日。

节假日期间，各部门要认真做好各项工作。

发文单位 可加盖公章

2020 年 12 月 20 日 日期 右对齐

通知中的"祝颂语"并不是必须有的元素。结果详见本书电子资源中的"通知 .docx"文件。

6.3 会议签到表

在职场中会使用表格来处理多人的签到，比如会议签到、培训签到和展会签到等。

比如公司会议签到表如下页图所示。

2020 年 1 月公司会议签到表

本奇思		呼延唱月		农嘉熙	
宾新梅		滑湛芳		蒲问萍	
伯代秋		霍涵易		上官刚洁	
程皓洁		吉骞北		士沛白	
储飞航		敬布凡		书鹤梦	

这些签到表中有多人名字，为了能够方便签名者找到自己的姓名并签名，在制作签到表时要注意以下 4 个注意事项。

（1）标题突出主题，居中显示。

（2）所有姓名按照拼音升序排列。

（3）将表格分为三栏在页面中显示。

（4）签名单元格高度需大于 1 厘米，宽度需要大于 2.5 厘米。

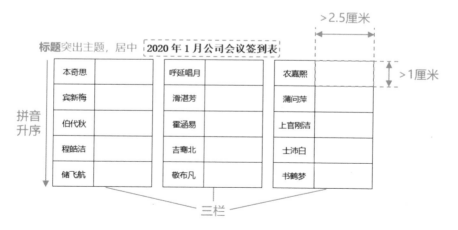

其中的排序、分栏和调整单元格的操作如下。

　　单击表格，单击【布局】选项卡中的【排序】按钮，在弹出的对话框中直接单击【确定】按钮即可。

　　如何让表格分为三栏呢？将光标停留至标题最后，单击【布局】选项卡中的【分栏】中的【更多分栏】。在弹出的窗口中单击【三栏】并将【应用于】修改为【插入点之后】，这样就可以让文档标题不被分栏。最终单击【确定】按钮。

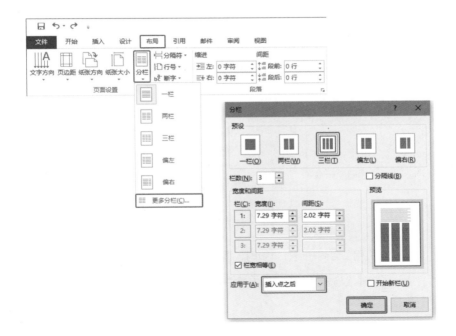

　　选中第一列，在【布局】选项卡中，通过单击【单元格大小】的上下箭头来调整表格的单元格大小，高度不小于 1 厘米，宽度调到可以使所有姓名不换行即可。使用同样的方法设置第二列宽度为 2.8 厘米。

结果详见本书电子资源中的"签到表 .docx"文件。

6.4 合同

扫 描 后 观 看
视 频 教 程

在职场中，作为有法律效力的合同经常会被使用，比如个人与公司之间的劳动合同、供应商与公司的合作合同等。

对于一份合格的合同来说，通常需要以下 6 个元素。

合同的元素
- 合同期限与生效日期
- 甲乙双方的权利与义务
- 合同变更，解除和终止的说明
- 出现争议时的解决方案
- 其他双方协定
- 甲乙双方签名栏、末尾公章、骑缝章与日期

比如，一份用工合同在设计排版时，需要注意以下事项。

（1）文档开始与末尾的甲乙双方需并列显示，可以使用分栏或者无边框的一行两列表格。

（2）甲乙双方中，公司须有代表人，以确定合同的负责人。

（3）个人须有身份证号码，以防止姓名重名。

（4）合同期限如果为 1 年，结束日期是年份增加 1，然后减去 1 天。比如

2020 年 1 月 1 日，经过一年后的结束日期不是 2021 年 1 月 1 日，而是减去一天的 2020 年 12 月 31 日。

（5）文档底部需有总页数的页码。

（6）所有类别标题加粗显示。

结果详见本书电子资源中的"合同 .docx"文件。

6.5 年终总结

年终总结是大多数人每年都需要完成的工作内容，它不只是公司对你的硬性规定，也是你对自己这一年工作的总结。

真正在写年终总结的时候，你有时会陷入"写不出来"的窘境。而一份年终总结，可以按照以下流程来完成。

年终总结的流程
- 公司今年的发展
- 我年初制定的目标
- 完成的项目展示
- 未完成原因
- 明年部门工作计划
- 明年我能做的贡献

比如，下页图是一篇年终总结的案例。

沈君 2020 年年终总结

公司在 2020 年从原先的 60%的市场占有率上升至 70%，上涨了 10 个百分点，发生了跳跃式的前进。

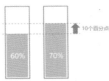

我作为公司的一份子，在今年年初的时候制定了 5 个目标，每个目标的完成情况如下。

目标	完成情况
1. 客户数量提升至 3 倍	完成
2. 客户好评率提升至 98%	完成
3. 客户投诉降至 5 例以下	完成
4. 销售业绩达到 500 万	完成
5. 完成 40 学时的企业培训	未完成

客户数量提升至 3 倍能够顺利完成，首先感谢的是我部门主管李某对我的指导与帮助，让我在对陌生客户拜访并进行推介过程中游刃有余，经过一年不懈的努力，终于能够完成客户数量的猛增；我原有的客户好评率为 90%，在公司的排名中属于靠后的位置，经过我的研究，定期与客户进行非销售式的交流可能增加客户粘度；正是因为我不断的与每一位客户进行交流，所以也完成了客户投诉量的大大降低；而且今年我的销售业绩从原先的 300 万达到了 500 万，这与我提升客户关系是密切相关的。

由于专注与客户管理，并在一年中出差了 36 次，是全公司最多的出差次数，所以导致培训仅完成 36 学时。经过思考，今年我决定会在年头与年尾的客户淡季参加培训，以提升企业培训的学时要求。

今年我部门的工作计划是将我部门产品在上海和北京区域的市场占有率提升至 70%，在这个目标下，我将会采取新的客户关系管理方式，与主管协商老客户转介绍的机制，帮助部门完成年度目标。

沈君

2020 年 12 月 31 日

通常会有以下注意事项。

（1）标题突出姓名和时间，并居中加粗。

（2）文档中尽可能出现图片、图表、表格、逻辑图形等元素。

（3）署名与日期居右显示。

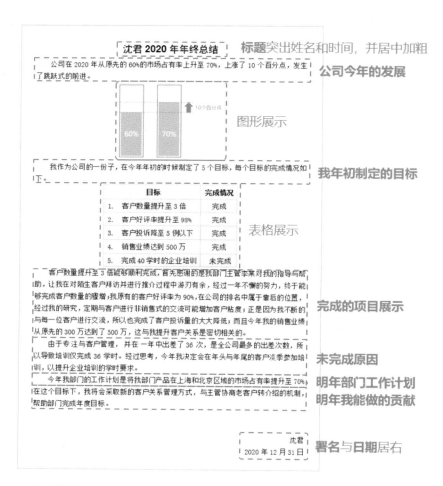

如果你觉得自己写的文字不够多，可以通过增加字符间距、行距、段间距、页边距等手段来让文字显得更多。结果详见本书电子资源中的"年终总结.docx"文件。